Global Energy Interconnection
Development and Cooperation Organization
全球能源互联网发展合作组织

中亚能源互联网研究与展望

全球能源互联网发展合作组织

中国电力出版社
CHINA ELECTRIC POWER PRESS

前言

　　亚洲经济体量大，是世界经济发展的重要引擎，绝大多数国家为发展中国家，发展潜力大。当前亚洲在发展中面临着国家间经济发展差距悬殊、能源安全保障困难、碳排放强度高、应对气候变化压力大等严峻挑战，可持续发展需求迫切。可持续发展的核心是清洁发展，关键是推进能源生产侧实施清洁替代，以太阳能、风能、水能等清洁能源替代化石能源；能源消费侧实施电能替代，以电代煤、以电代油、以电代气、以电代柴，用的是清洁电力。亚洲能源互联网为清洁能源大规模开发、输送、使用搭建平台，是构建清洁主导、电为中心、互联互通、共建共享的现代能源体系的核心，将促进亚洲经济繁荣、社会进步和生态保护的全面协调发展。

　　中亚地处亚欧大陆中心区域，是陆路交通的要冲和多种文化的交汇地，地理位置优越，能源资源丰富。目前以农业、矿产开发和油气行业为主的经济结构导致区域整体国民经济较为脆弱。为充分发挥其"丝绸之路经济带"的重要枢纽作用，释放清洁能源发展潜力，促进区域能源发展方式和经济产业发展模式转型升级，将能源资源优势转换为经济优势，激发区域经济活力，亟须构建中亚能源互联网。中亚能源互联网是亚洲能源互联网的重要组成部分，是实现中亚区域可持续发展的全局性、系统性、创新性的解决方案，对亚洲能源互联网的整体发展和推动世界能源转型具有重要意义。

　　本报告为亚洲能源互联网研究系列成果之一，内容共分为7章：第1章介绍中亚经济社会、资源环境和能源电力发展现状，分析中亚可持续发展和能源转型面临的挑战，提出能源互联网发展思路；第2章在实现全球温控目标的指引下，展望中亚能源电力转型发展趋势，提出情景预测；第3章研究清洁能源资源分布和大型发电基地布局；第4章基于电力平衡分析，研究提出电网互联总体格局和互联方案；第5章评估构建中亚能源互联网所能带来的综合效益；第6章展望了实现全球1.5摄氏度温控目标的中亚能源电力清洁发展路径与情景方案；第7章提出相

关政策机制。

希望本报告能为政府部门、国际组织、能源企业、金融机构、研究机构、高等院校等开展政策制定、战略研究、技术创新、项目开发、国际合作提供参考。受数据资料和研究编写时间所限，内容难免存在不足，欢迎读者批评指正。

研究范围

报告研究范围覆盖中亚的 5 个国家，包括哈萨克斯坦、吉尔吉斯斯坦、塔吉克斯坦、土库曼斯坦和乌兹别克斯坦 ❶。

中亚研究范围示意图

---

❶ 本报告对任何领土主权、国际边界疆域划定及任何领土、城市或地区名称不持立场，后同。

摘要

中亚位于亚欧大陆中心，自古以来就是古丝绸之路的必经之路和重要的货物集散地，其特殊的地缘位置使该区域成为"一带一路"建设的核心地区。中亚拥有丰富的煤炭、天然气等资源，经济以矿产、能源产品出口为主。近年来，中亚区域经济保持高速增长态势，对外经贸合作增长明显。为实现中亚可持续发展，需要以清洁发展为主线，依托区域丰富的清洁能源资源和区位优势，加速清洁能源集约化发展和电网互联互通，形成中亚同步电网，打造亚欧之间绿色低碳、安全可靠、灵活互济的清洁能源大范围配置平台，通过清洁能源产业链拉动经济可持续增长。

中亚经济形势整体向好，产业多元化成效初显。中亚地区经济长期保持高速增长态势，2018年地区GDP总量约为2862亿美元，增长4.7%。为摆脱过度依赖矿产与能源产品出口的局面，提高工业化水平，近年来，中亚各国纷纷出台了多元化转型发展战略，以能源电力领域合作为重点，推动以园区、新区、建筑为主体的综合性投资，促进贸易、基建和产能合作，对外贸易和外商直接投资都呈现较快增长态势。2018年中亚五国商品贸易总额达到1457亿美元，约为2005年的2.2倍；中亚同中国贸易总额达到417亿美元，较2017年增长15.9%，已经成为中国在"一带一路"沿线最重要的贸易地区之一。未来，中亚国家仍需要逐步完善产业链，继续推行实施各国经济多元化政策，在化工冶金、跨境电商、金融支撑等领域扩大合作。

实现中亚可持续发展，关键是加快推进清洁能源资源开发利用和外送，构建中亚能源互联网。大力发展清洁能源，降低化石能源开发强度，协调长期收益与短期利益。加快跨区跨国互联互通，统筹利用区内、区外两种资源和两个市场，从更广阔的地域范围，解决资源和需求地理分布不均，需求和供应时间特性不匹配问题。大力推动中亚大型清洁能源基地开发与外送，推动相关能源、制造业、贸易联动发展，解决资源富集、经济滞后地区发展缺资金缺市场难题，减小地区发展不均衡。

中亚能源电力需求增长潜力大，一次能源供应结构的清洁转型和终端能源电气化是未来能

源发展的必由之路。综合考虑中亚经济发展水平、人均收入变化、产业结构调整等多种因素，2050 年中亚一次能源需求总量将达到 3.4 亿吨标准煤，是 2017 年的 1.5 倍，终端能源需求增长至 2.1 亿吨标准煤。2050 年中亚用电量将增长至 6174 亿千瓦时，是 2017 年的 3.1 倍。2050 年中亚清洁能源需求将增长至 1.65 亿吨标准煤，占一次能源的比重达到 51%。预计 2035 年，电能将超过石油成为终端第一大能源品种，到 2050 年，中亚电能占终端能源的比重将提高至 40%。

中亚清洁能源资源丰富、类型多样，需因地制宜、集中开发、统筹利用，以清洁绿色的方式满足不断增长的电力供应需求。中亚水能资源主要集中在吉尔吉斯斯坦和塔吉克斯坦，陆上风能资源主要集中在哈萨克斯坦，太阳能资源主要分布在土库曼斯坦、乌兹别克斯坦、塔吉克斯坦以及哈萨克斯坦南部。依托清洁能源资源的大力开发利用，2050 年中亚电源装机容量将达到 3.3 亿千瓦，是 2017 年的 7 倍。2035 年前清洁能源发电量超过化石能源发电量成为主导电源，2050 年中亚清洁能源装机占比提升至 73%，发电量占比提升至 67%。在资源优质、开发条件好的地区开发大型清洁能源基地，总开发装机容量约 2.2 亿千瓦。

中亚电力流总体呈现"东西双向外送电"的格局。哈萨克斯坦风能、太阳能和土库曼斯坦、乌兹别克斯坦太阳能具备大规模开发潜力。**区内**，逐步形成哈萨克斯坦"北电南送"，土库曼斯坦"西电东送"格局；**跨区**，以哈萨克斯坦北部风电和太阳能基地为中心，外送欧洲和中国。2035 年和 2050 年，跨区跨国电力流将分别达到 2930 万千瓦和 5130 万千瓦，其中跨区电力流分别为 2030 万千瓦和 3030 万千瓦。

形成中亚同步电网，并与周边国家广泛互联，实现清洁能源在更大范围内优化配置。按照双边、多边、区域分阶段构建中亚同步电网，向东送电东北亚负荷中心，向南与南亚、西亚互联；跨洲送电欧洲德国负荷中心，成为连接亚洲和欧洲的电力外送和互济枢纽。2035 年，初步建成中亚区域电网，哈萨克斯坦形成 1000 千伏主网架，向东送电中国，加强与东亚互联；向南与西亚、南亚互联，向西跨洲送电德国。2050 年，形成覆盖哈萨克斯坦全境的 1000 千伏交流

环网，并加强与吉尔吉斯斯坦、塔吉克斯坦和乌兹别克斯坦互联。除哈萨克斯坦外，其余各国内部加强 500 千伏电网主网架建设，共同形成坚强交流骨干网架，覆盖主要能源基地和负荷中心，实现区域内部水电、火电和新能源灵活调节和联合外送。

到 2050 年前，中亚共建设 4 项跨区重点互联互通工程，并在区域内建设 1000 千伏特高压交流环网，支撑清洁能源基地电力汇集、消纳和送出。中亚—欧洲，建成哈萨克斯坦至德国 ±800 千伏直流工程 2 个，输送容量 1600 万千瓦；中亚—东亚，建成哈萨克斯坦至中国河南 ±800 千伏直流工程 1 个，输送容量 800 万千瓦；中亚—南亚，建成塔吉克斯坦至巴基斯坦 ±500 千伏直流工程 1 个，输送容量 130 万千瓦。区内，围绕哈萨克斯坦北部负荷中心建设 1000 千伏双回特高压环网，接受西部和南部风、光电力，同时加强与周边国家电力互联互通，以支撑哈萨克斯坦清洁能源大范围配置及跨区域外送。

构建中亚能源互联网综合效益显著。经济效益方面，到 2050 年，中亚能源互联网总投资约 4600 亿美元，将有力带动新能源、节能环保、机械制造等产业发展，推动地区工业化发展进程。社会效益方面，到 2050 年，中亚地区清洁能源占一次能源的比重达到 51%，通过大规模清洁能源开发外送，将资源优势转化为经济优势，将有利带动就业，累计创造就业岗位约 200 万个。环境效益方面，中亚能源互联网建设可有效减少温室气体排放，到 2050 年，能源系统二氧化碳排放降至约 2.5 亿吨 / 年；有效减少气候相关灾害，减少大气污染物排放，到 2050 年可减少排放二氧化硫 41 万吨 / 年、氮氧化物 35 万吨 / 年、细颗粒物 9 万吨 / 年，提高土地资源价值 2 亿美元 / 年。政治效益方面，构建中亚能源互联网有利于建立广泛的合作机制和各国政策协同，形成中亚地区能源电力合作共同体和利益共同体，有效团结区域内各国，加强政治互信。通过建立以清洁发展、互联互通为核心的地区能源治理新体系，促进地区融合发展、实现地区共同繁荣。

着眼于助力实现全球 1.5 摄氏度温控目标，中亚需要加速推动能源电力清洁低碳转型发展。

与助力实现全球 2 摄氏度温控目标相比，2050 年化石能源需求减少 36%；提升清洁能源开发比例，2050 年清洁能源电源装机容量增加 63%；加快电能替代，2050 年电能占终端能源比重提升 11 个百分点；加强电网互联互通，提升资源配置能力，增加跨区跨国电力流规模约 1600万千瓦；加大投资力度，到 2050 年清洁能源开发和电网建设投资累计增加 45%。

目录

图表目录

■ 图目录

■ 表 目 录

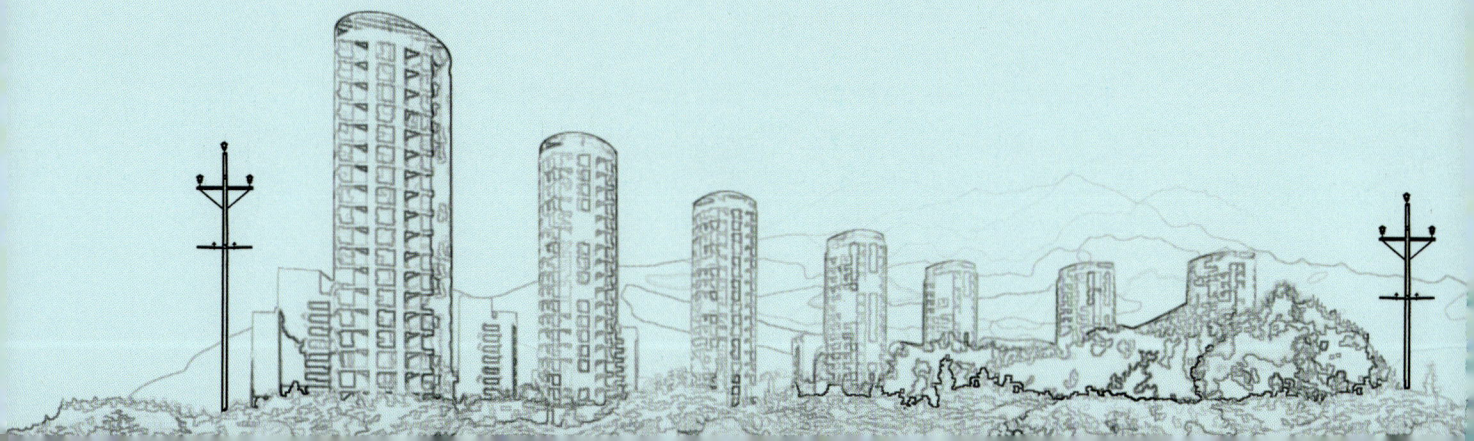

Chapter 1

基本情况

中亚位于亚欧大陆腹地，距海较远，地域辽阔，地势东高西低，地貌复杂，多为山脉环绕的高原、盆地与低地，总面积 400.8 万平方千米，约占亚洲总面积的 13%。中亚地处亚欧大陆中心区域，是陆路交通的要冲和多种文化的交汇地，在国际经济和文化交流史上有着非常独特的地位。中亚各国拥有丰富的自然资源，经济持续稳定增长，作为"丝绸之路经济带"上的重要枢纽，在"一带一路"建设倡议和全球能源互联网构建中具有重要的战略地位。

1.1 经济社会

1.1.1 宏观经济

经济形势整体向好。中亚地区经济长期保持高速增长态势，2000—2014 年平均增速达到 7.5%❶。期间，由于 2008 年国际金融危机和 2013 年乌克兰事件，曾出现一定程度的放缓。2015 年，国际能源价格下跌对中亚地区经济增长造成了一定影响，地区经济增速下落到 3.3%。2016 年后，由于俄罗斯经济逐渐开始恢复，对中亚地区贸易投资加大，加上中亚各国经济多元化转型政策，地区经济增长逐步加速。2017 年，地区整体经济增速为 4.6%，2018 年增速达到 4.7%。其中，塔吉克斯坦经济表现突出，2015—2018 年平均经济增速高达 6.9%，较地区整体增速高出 3 个百分点。2018 年，地区经济总量约为 2862.2 亿美元，占亚洲经济总量的比例约为 1.1%。2000—2018 年中亚各国历年经济增速如图 1-1 所示。

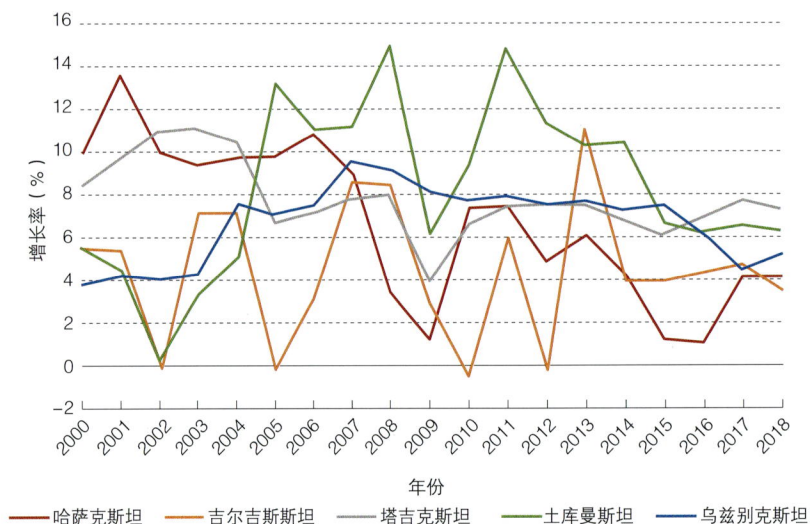

图 1-1　2000—2018 年中亚各国历年经济增速

---

❶ 数据来源：世界银行。

产业结构较为单一。中亚地区经济结构以农业、矿产开发和油气行业为主导。乌兹别克斯坦、塔吉克斯坦和吉尔吉斯斯坦第一产业在国民经济中占比分别达到 32.4%、18.7% 和 11.6%，工业发展相对缓慢。哈萨克斯坦和土库曼斯坦则过分依赖矿产、油气行业。其中，采矿业是哈萨克斯坦国民经济的支柱产业，在工业总产值中占比达到 55.1%。油气及其附带产业在土库曼斯坦 GDP 中占比超过 50%。过度依赖矿产、能源产品出口导致国民经济脆弱，易受大宗商品价格波动影响。中亚经济增速与国际油价趋势对比如图 1-2 所示。此外，地区的经济发展差距呈现出扩大趋势。2018 年，地区最大经济体哈萨克斯坦经济总量达到 1793.4 亿美元，占比达到 62.7%。哈萨克斯坦人均 GDP 约为 9812 美元，是塔吉克斯坦人均 GDP 的 12 倍。2000 年至今，哈萨克斯坦、土库曼斯坦人均 GDP 在全球中排名上升超过 30 位，乌兹别克斯坦和吉尔吉斯斯坦分别仅上升 1 位和 6 位。中亚各国 GDP 与人均 GDP 见表 1-1。

图 1-2　中亚经济增速与国际油价趋势对比图

表 1-1　中亚各国 GDP 与人均 GDP[1]

国家	2000		2010		2018	
	GDP（亿美元）	人均 GDP（美元）	GDP（亿美元）	人均 GDP（美元）	GDP（亿美元）	人均 GDP（美元）
哈萨克斯坦	182.9	1229.0	1480.5	9070.4	1793.4	9812.6
吉尔吉斯斯坦	13.7	279.6	47.9	880.0	80.9	1281.4
塔吉克斯坦	8.6	138.4	56.4	749.6	75.2	826.62
土库曼斯坦	29.0	643.2	225.8	4439.2	407.6	6966.6
乌兹别克斯坦	137.6	558.2	466.8	1634.3	505.0	1532.4

---

[1]　数据来源：世界银行。

对外经贸合作增长明显。 在中亚国家贸易便利化和吸引外国直接投资政策的鼓励下，地区营商环境不断改善，对外贸易和外商直接投资都呈现较快增长态势。2018 年，中亚五国商品贸易总额达到 1456.9 亿美元，约为 2005 年的 2.2 倍❶。其中，2018 年吉尔吉斯斯坦商品贸易约为 68.7 亿美元，较 2005 年增长近 4 倍。地区最大经济体哈萨克斯坦 2018 年商品贸易总额约为 934.9 亿美元，其中出口增速达到 26.2%。外商投资方面，2018 年，中亚地区外商直接投资净流入 65.8 亿美元，2005 年这一数据仅为 26.4 亿美元。哈萨克斯坦 2018 年外商直接投资净流入 38.2 亿美元。近年来，中亚国家对中国的贸易和市场的依赖程度不断上升。2018 年，中国同中亚国家贸易总额达到 417 亿美元，增长 15.9%。中亚国家已经成为中国在"一带一路"沿线最重要的贸易地区之一。

专栏

中亚地区在"一带一路"建设中的机遇

中亚地区位于亚欧大陆中心，自古以来就是古丝绸之路的必经之路和重要的货物集散地，中亚地区特殊的地缘位置使该地区成为"一带一路"建设的核心地区。自"一带一路"倡议提出以来，中亚各国积极参与和主动对接丝绸之路经济带发展倡议，中国与中亚国家关系进入了新的发展阶段，双方不断深化贸易、投资、文化、产能等领域合作，致力于打造中国—中亚命运共同体。同时，中亚各国间相互关系也在不断进行良性调整，中亚五国在边界问题、人员往来、贸易等领域的合作均取得积极进展❷。

政策沟通方面，"一带一路"倡议分别与哈萨克斯坦 2050 战略和"光明之路"新经济政策、乌兹别克斯坦"福利与繁荣年"规划、吉尔吉斯斯坦"国家稳定发展战略"、塔吉克斯坦"能源交通粮食"三大战略及土库曼斯坦建设"强盛幸福时代"发展战略实现对接，寻找合作契合点，为各国发展提供了新的机遇。同时，中亚五国区域内合作也在不断深化，相关国家通过互信、协商、合作解决共同面临的问题和困难，营造有利于共同发展的地区环境。2018 年 3 月 15 日，中亚五国领导人在哈萨克斯坦首都阿斯塔纳举行非正式会晤。2018 年，五国领导人之间实现互访，五国在边界问题，人员往来便利化，在交通、贸易等领域的合作均取得积极进展。

---

❶ 数据来源：联合国经贸数据库 UNCTAD。
❷ 曾向红，"通"中之重——"丝绸之路经济带"建设在中亚，当代世界，2019。

设施联通方面，公路、铁路、航空、港口等一批重点项目相继完成或落地。2014年5月，中哈物流基地在连云港启动运营，这使哈萨克斯坦乃至中亚物流第一次正式获得通向太平洋的出海口。中亚—中国天然气管道A、B、C线和中哈原油管道保持安全稳定运营。其中，中亚天然气管道已形成三线并行输气格局，该管道投入运营为相关国家带来了近万个就业岗位，累计可缴纳税费超过100亿美元，相关国家石油工业发展也因此得以提速。中吉乌国际道路货运2018年2月正式通车，据乌方预测，该线路将使每吨货物运费较此前减少300~500美元。目前中亚国家交通、电力、通信等基础设施水平仍然比较落后，设施联通促进了国家基础设施的现代化，为中亚五国推动工业化、发展服务业提供了基础保障。

贸易畅通方面，自"一带一路"倡议实施以来，中国与中亚国家成为重要的贸易伙伴。2018年，中国同中亚国家贸易总额达到417亿美元，较2017年增长15.9%。中国目前是哈萨克斯坦第二大出口伙伴，塔吉克斯坦第三大出口伙伴，以及土库曼斯坦第一大出口伙伴。对外投资方面，中国是塔吉克斯坦第一大投资来源国，乌兹别克斯坦第二大外国直接投资来源国，哈萨克斯坦第五大外国直接投资来源国，主要集中在采矿业、交通运输、油气勘探、电力、工业园区等领域。

资金融通方面，亚洲基础设施投资银行、丝路基金有限责任公司、中国—欧亚经济合作基金等金融平台为"丝绸之路经济带"建设提供了资金支持。2015年12月14日，丝路基金有限责任公司与哈萨克斯坦出口投资署（后改组为哈萨克斯坦投资公司）签订协议并出资20亿美元，设立中哈产能合作专项基金，重点支持中哈产能合作及相关领域的项目投资。丝路基金有限责任公司与乌兹别克斯坦有关企业、金融机构签署了一揽子合作协议，旨在进一步深化中乌在能源、旅游等方面的合作。除利用上述融资机构外，中国还积极探索与欧洲复兴开发银行、亚洲开发银行等机构开展深入合作的可能，为中亚"丝绸之路经济带"建设提供更加充裕和可持续的资金供给。

民心相通方面，中国举办了"中亚人文交流与合作国际论坛""丝绸之路国际电影节""丝绸之路国际旅游合作联盟"等，建立了上海合作组织大学、孔子学院、新丝绸之路大学联盟、中亚学院等平台，与中亚各国互办"旅游年""文化年""文化日"等，加强与中亚国家社会各领域、各界别与各层次交往与交流。

1.1.2　人文社会

城市化进程发展缓慢。2017 年，中亚地区总人口约为 7087 万，占亚洲地区的比例仅为 1.6%。中亚五国独立后城市化水平提升，但中亚五国的工业化进程、社会经济发展水平、历史基础、文化背景等方面存在较大差异，所以各国之间城市化速度和整体水平发展不平衡，其中城市化率最低的塔吉克斯坦不到哈萨克斯坦的一半，如图 1-3 所示。这主要与国家经济水平、产业结构直接相关，哈萨克斯坦有丰富的自然资源发展工业并进行经济改革、采取全方位对外开放政策，而农业、畜牧业在塔吉克斯坦的国民经济中所占比重较大导致人口大量滞留在农村，从事第二、三产业的人数影响该国产业结构的优化，从而阻碍城市的发展速度和整体水平。

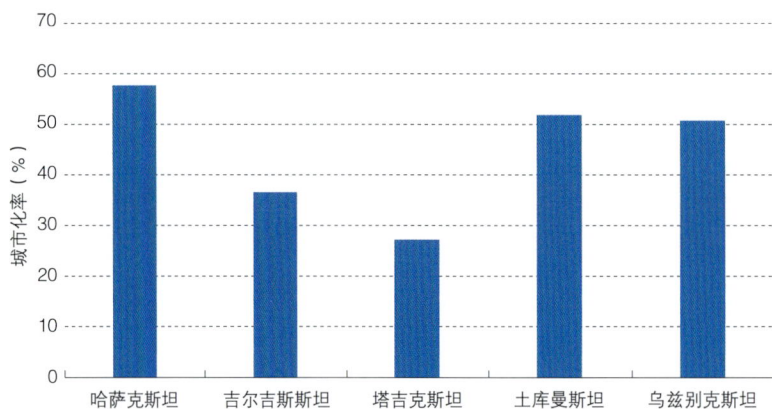

图 1-3　2018 年中亚各国城市化率 ❶

重视交通和能源领域基础设施建设。哈萨克斯坦新建和修复"双西公路"，使其成为联系中欧的交通大动脉，中国—土库曼斯坦天然气管道哈萨克斯坦支线（希姆肯特—别伊涅乌）投产后，哈萨克斯坦国内天然气供应实现完全自给自足；乌兹别克斯坦安格连—帕普铁路建成后，原先需绕行第三国十几个小时的路程缩短至两小时且不必绕行；塔吉克斯坦境内瓦赫达特—亚湾铁路建成后，塔吉克斯坦南部地区的铁路连成网络，不仅亚湾与杜尚别的交通距离缩短 152 千米，还不必再绕经乌兹别克斯坦境内铁路。与此同时，中亚五国与外部的连接通道日益完善。土库曼斯坦—阿富汗—巴基斯坦—印度天然气管道项目（TAPI）和中亚—南亚高压输变电网项目（CASA-1000）已开工建设；土库曼斯坦—阿富汗—塔吉克斯坦铁路仅剩塔吉克斯坦境内段；连接土库曼斯坦、哈萨克斯坦和伊朗三国的国际铁路已于 2014 年 12 月开通运营；土库曼斯坦、

---

❶ 联合国经济和社会事务部（UN DESA）：《2018 年世界城市化趋势》。

伊朗、阿曼和乌兹别克斯坦四国签订的《关于建立国际运输和过境运输走廊的协议》已于 2016 年 4 月正式生效，环里海铁路网仅剩连接阿塞拜疆和伊朗交界处一段，通车后可实现整个环里海物流圈。铁路联通不仅使中亚国家参与经济全球化，还给过境国带来红利，哈萨克斯坦从过境运输中每年可得到 50 亿美元的收益。

营商环境总体改善。世界银行《2020 年营商环境报告》，根据吸引投资的七大指标包括营商难度、经济竞争力、贸易和运输基础设施、通关效率、公民教育程度和主权信用评级等进行综合排名，哈萨克斯坦在 190 个国家中排名第 25 位，比上年上升 3 位，并计划在 2025 年前跻身该排名前 20 位；乌兹别克斯坦和塔吉克斯坦分别为第 69 位、第 106 位，分别比上年上升 7 位和 20 位，进步明显。联合国《2019 年全球幸福指数报告》根据人均 GDP、预期寿命、自由和腐败程度等指标对 156 个国家和地区幸福度进行排名，其中乌兹别克斯坦排名第 41 位，成为中亚幸福指数最高的国家，哈萨克斯坦排第 60 位，塔吉克斯坦第 74 位，吉尔吉斯斯坦第 86 位，土库曼斯坦第 87 位。

1.1.3　区域合作

合作机制、平台多元化，推动中亚区域合作进程。自 1993 年成立中亚联盟、1994 年建立统一经济空间条约、1998 年成立中亚经济共同体、2002 年改为中亚合作组织，至 2004 年俄罗斯加入后于 2005 年并入欧亚经济共同体，中亚区域合作深入推进。此外，上海合作组织和中西亚经济合作组织等区域性国际组织，亚信会议等合作机制不断完善，积极发展中亚峰会、中亚领导人非正式会晤等高层交流平台，不断构建友谊、合作和互信的一体化基础，促进地区经济合作。

积极参与国际组织，开展区域与国际合作。中亚国家积极与联合国、北约、欧盟和亚洲开发银行等国际组织机构开展合作。与亚洲开发银行建立"中亚区域经济合作计划（CAREC）"，积极推动该区域在交通运输、贸易和能源等领域合作，促进成员国共同发展；联合国经济以及社会理事会"中亚经济专门计划"以融资者、协调者和建设者的身份为中亚经济发展提供资金支持，为中亚区域经济一体化消除障碍，为中亚交通和能源的发展奠定基础；联合国开发计划署"丝绸之路区域合作项目"对于帮助实现降低贫困、促进增长与平等等千年发展目标具有至关重要的作用。

1.1.4　发展战略

产业多元化成效初显。为摆脱过度依赖矿产与能源产品的局面，提高工业化水平，中亚各国纷纷出台了多元化转型发展战略。哈萨克斯坦希望通过积极吸引外资维持国内投资水平，激发国内经济活力。同时推动国内私有化进程，提高经济活动效率。近年来，哈萨克斯坦经济多元化成效初显，食品、化工、机械制造等非能源行业部门快速增长；在"一带一路"推动下，过境和出口货物推动运输业快速发展。乌兹别克斯坦主动进行市场化改革，继续加大投资力度，鼓励商品市场竞争，旨在为国民经济释放更多活力。土库曼斯坦制定了加快非国有经济发展、实施进口替代政策等多元化经济目标，目前已形成的代表性产业包括电力、油气、机械制造、冶金、化工等。总体来看，目前中亚国家经济结构不均衡、工业体系薄弱的局面还未显著改善，产业链仍需要时间才能逐步建立，各国经济多元化政策需要继续推行实施。

清洁发展成共识，多领域互补求双赢。中亚地区清洁能源资源较为丰富，开发程度普遍较低。在世界能源结构加快向清洁能源转型的大背景下，中亚各国也加快了清洁发展的步伐，出台了一系列促进清洁发展的政策。哈萨克斯坦于 2013 年出台了《2013—2020 年替代能源和可再生能源行动计划》，根据该计划，2020 年前将启动 13 个风能、14 个小水电和 4 个太阳能发电项目，新增装机容量 104 万千瓦。乌兹别克斯坦于 2010 年在联合国执行委员会注册了 8 个清洁发展项目，总金额 7000 万美元。塔吉克斯坦把水电开发作为国民经济发展的优先领域，力争将塔吉克斯坦打造成为中亚电力出口大国，规划至 2025 年，水电年发电量将达到 800 亿千瓦时，其中出口 475 亿千瓦时。**以能源电力领域合作为重点，多领域互补也成为中亚各国对外合作的方向。**以园区、新区、建筑为主体的综合性投资，贸易、基建和产能合作同时开展的合作模式空间广阔。作为"一带一路"的重要区域，中国与中亚地区在交通、电力、港口、城市建设等很多领域的合作都取得了突破。中亚地区具有独特的区位优势和资源优势，化工冶金、跨境电商、金融支撑等领域的合作都具有广阔前景。

1.2 能源电力

1.2.1 能源发展

天然气资源丰富。中亚煤炭资源一般，探明储量约 270 亿吨，占全球的比重为 2.5%，主要分布在哈萨克斯坦，占中亚煤炭储量的 95%。石油探明储量约 41 亿吨，占全球的比重为 1.7%，主要分布在哈萨克斯坦，占中亚石油储量的 95%。中亚天然气资源很丰富，天然气探明储量约 23.3 万亿立方米，占全球的 11.7%，主要分布在土库曼斯坦，占中亚天然气储量的 83.7%。中亚化石能源资源情况见表 1-2。❶

---

❶ 数据来源：英国石油公司，世界能源统计年鉴，2020.

表 1-2 中亚化石能源资源

地区 / 国家	煤炭		石油		天然气	
	总量（亿吨）	占全球比重（%）	总量（亿吨）	占全球比重（%）	总量（万亿立方米）	占全球比重（%）
中亚	270	2.5	41	1.7	23.3	11.7
哈萨克斯坦	256.2	2.4	39	1.7	2.7	1.3
吉尔吉斯斯坦	—	—	—	—	—	—
塔吉克斯坦	—	—	—	—	—	—
土库曼斯坦	—	—	1	—	19.5	9.8
乌兹别克斯坦	13.8	0.1	1	—	1.2	0.6

  能源生产总量增长较快，以油气为主。2000—2017 年，中亚能源生产量从 2.7 亿吨标准煤增长到 4.6 亿吨标准煤，年均增长 3.2%。2017 年，人均能源生产量 6.4 吨标准煤，是全球平均水平的 2.5 倍❶。2017 年，中亚煤炭、石油、天然气产量达 0.75 亿、1.5 亿和 2.2 亿吨标煤，占能源生产总量的比重分别为 16%、32% 和 47%。清洁能源生产以水能为主，占能源生产总量的 4%，其他可再生能源产量几乎为零。中亚化石能源生产主要集中在哈萨克斯坦和土库曼斯坦。中亚各国能源生产情况如图 1-4 所示。

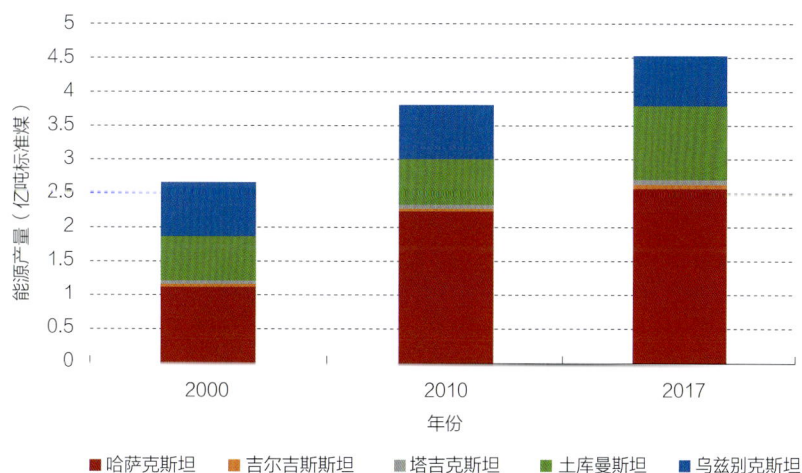

图 1-4 2000—2017 年中亚各国能源生产情况

---

❶ 数据来源：国际能源署，世界能源平衡，2017.

　　一次能源消费增长较快，化石能源占比极高，其中天然气占比超过一半。中亚一次能源消费总量从 2000 年的 1.6 亿吨标准煤增长至 2017 年的 2.3 亿吨标准煤，年均增长 2.1%。2017 年，中亚人均能源消费量 3.2 吨标准煤，是全球平均水平的 1.2 倍。哈萨克斯坦、乌兹别克斯坦、土库曼斯坦的能源消费量较大，占中亚的比重分别为 26%、22%、17%。中亚各国一次能源消费情况如图 1-5 所示。2017 年，中亚化石能源消费占一次能源比重达 92.4%，其中煤炭、石油、天然气比重分别为 26.3%、16.3%、49.8%。中亚清洁能源消费以水能为主，占一次能源消费的比重达 7.5%，其他可再生能源消费几乎为零。中亚一次能源消费结构如图 1-6 所示。

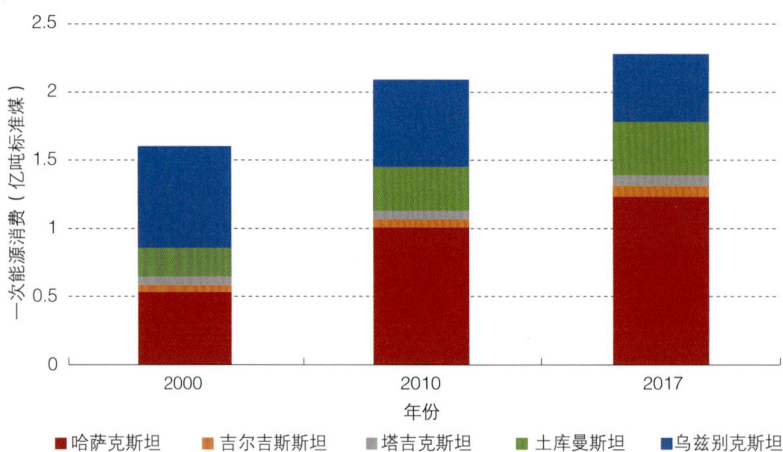

图 1-5　2000—2017 年中亚各国一次能源消费情况

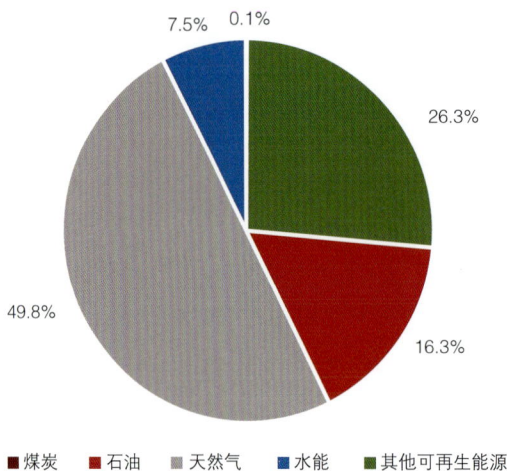

图 1-6　2017 年中亚一次能源消费结构

终端能源消费增长缓慢，以化石能源为主，电能比重持续上升。中亚终端能源消费总量先增后降，从 2000 年的 1.0 亿吨标准煤增长至 2010 年的 1.27 亿吨标准煤，之后稍降至 2017 年的 1.25 亿吨标准煤，2000—2017 年年均增长 1.2%。2017 年，工业、交通、建筑部门的能源消费量分别为 0.4 亿、0.2 亿、0.6 亿吨标准煤，占比分别为 33%、14%、51%。2000—2017 年中亚各国终端能源消费情况如图 1-7 所示。2017 年，中亚终端能源消费化石能源比重达 75%，其中煤炭、石油、天然气消费比重分别达 17%、26.8%、31.6%。电能消费年均增长 2%，占终端能源消费比重的 14%。热能消费年均增长 0.4%，比重达 10.5%。2017 年中亚终端能源消费结构如图 1-8 所示。

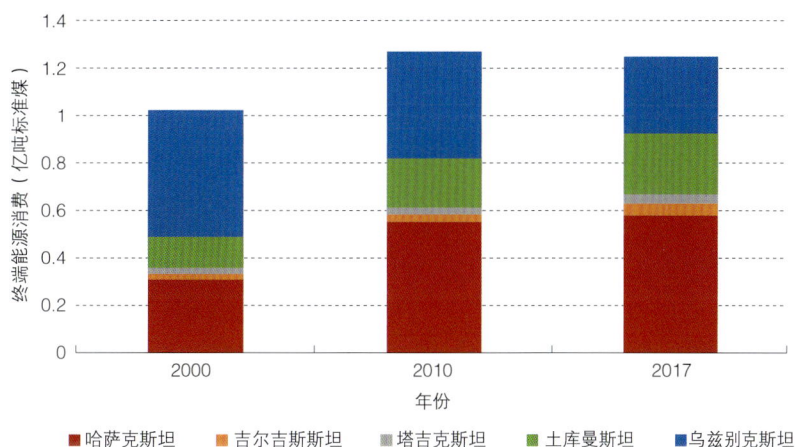

图 1-7　2000—2017 年中亚各国终端能源消费情况

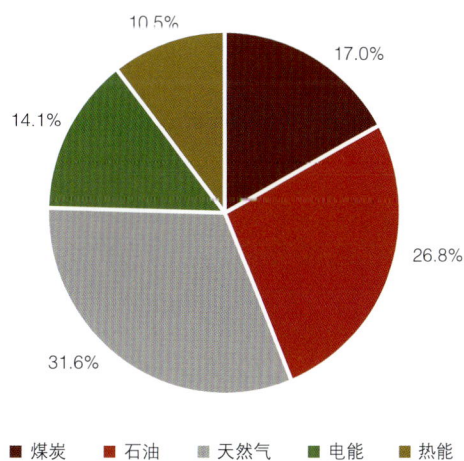

图 1-8　2017 年中亚终端能源消费结构

中亚地区温室气体排放量增长速度快，区域受气候灾害影响较大。中亚地区的能源相关二氧化碳排放量增长迅速，从 2000 年的 3 亿吨增加到 2018 年的 4.6 亿吨，年均增长 2.4%。哈萨克斯坦和乌兹别克斯坦是中亚地区排放量最大的两个国家，2018 年能源相关二氧化碳排放分别达到 2.6 亿吨和 1 亿吨[1]。中亚地区气候灾害影响巨大，由于温升影响，雪崩、干旱和洪水等灾害频繁发生，其中塔吉克斯坦、土库曼斯坦和吉尔吉斯斯坦的气候灾害造成的经济损失占 GDP 的 0.4%~1.3%。

中亚地区水资源短缺、土地荒漠化问题严重。由于水资源分布不均、开发难、降雨量低、蒸发量大等因素，中亚地区淡水供应问题凸显，人均用水量仅为 2800 立方米 / 年，远远低于世界平均水平。中亚地区沙漠面积超过 100 万平方千米，占总面积的 1/4 以上，其中哈萨克斯坦 55% 的国土被荒漠覆盖，66% 的土地遭受干旱，预计到 2030、2050 年，粮食产量可能较当前分别减少 37%、48%[2]。

中亚各国积极应对气候变化。中亚各国签署了《巴黎协定》，制定了应对气候变化国家自主贡献目标。其中，乌兹别克斯坦承诺 2030 年温室气体排放强度较 2010 年水平减少 10%[3]。哈萨克斯坦承诺至 2030 年温室气体排放较 1990 年水平减少 15%[4]。塔吉克斯坦承诺 2030 年温室气体排放降至 1990 年水平的 80%~90%，人均排放降至 1.7~2.2 吨二氧化碳当量[5]。

1.2.2　电力发展

中亚电力消费占亚洲比重小，用电量年均增速低于亚洲平均增速。2017 年中亚总用电量约 2010 亿千瓦时，占比不到亚洲总用电量的 2%。2005—2017 年，中亚年用电量增长了 1.6 倍，年均增速约 3.7%，低于亚洲 5.9% 的年均用电量增速。电力消费主要集中在哈萨克斯坦和乌兹别克斯坦，2017 年用电量分别占中亚总用电量的 46% 和 29%。2017 年，中亚电力可及率基本达到 100%，年人均用电量 2840 千瓦时，略高于亚洲人均用电量 2600 千瓦时。2017 年中亚各国电力发展现状见表 1-3。

---

[1] 数据来源：http://www.globalcarbonatlas.org/en/CO$_2$-emissions。
[2] 数据来源：世界银行，超越地平线：气候变化的影响及适应响应将如何重塑东欧与中亚的农业，2013。
[3] 数据来源：乌兹别克斯坦政府，乌兹别克斯坦国家自主贡献，2016。
[4] 数据来源：哈萨克斯坦政府，哈萨克斯坦国家自主贡献，2016。
[5] 数据来源：塔吉克斯坦政府，塔吉克斯坦国家自主贡献，2016。

表 1-3 2017 年中亚各国电力发展现状

地区 / 国家	装机容量（万千瓦）	用电量（亿千瓦时）	年人均用电量（千瓦时）	最大负荷（万千瓦）	电力普及率（%）
中亚	4560	2012	2839	3734	100
哈萨克斯坦	2212	932	5120	1419	100
吉尔吉斯斯坦	96	141	2329	383	100
塔吉克斯坦	551	180	2017	411	100
土库曼斯坦	400	180	3123	381	100
乌兹别克斯坦	1301	579	1813	1140	100

电源装机以化石能源为主，非水可再生能源处于起步阶段。2017 年中亚电源总装机容量 4559 万千瓦，化石能源装机容量 3566 万千瓦，占比 78.2%，水电装机容量 976 万千瓦，占比 21.4%，风电、太阳能等非水可再生能源装机占比小于 1%。化石能源装机以煤电和气电为主，煤电总装机容量 1660 万千瓦，其中哈萨克斯坦 1545 万千瓦，占煤电总装机容量的 93%，气电装机容量 1910 万千瓦，其中乌兹别克斯坦、土库曼斯坦和哈萨克斯坦占比较高，分别占气电总装机容量的 58%、21% 和 20%。太阳能、风能发电尚处于起步阶段，目前主要分布在哈萨克斯坦和乌兹别克斯坦。2017 年中亚电源装机结构如图 1-9 所示。

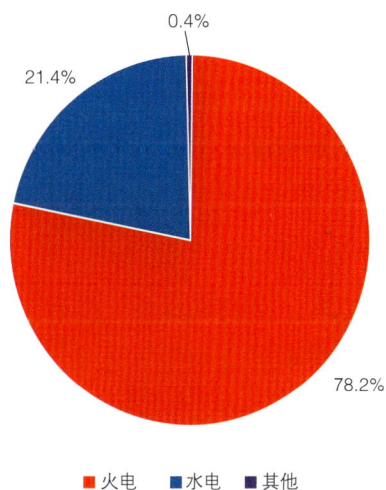

图 1-9 2017 年中亚电源装机结构

2017 年中亚总发电量约 2104 亿千瓦时，其中火电发电量 1595 亿千瓦时，占总发电量的 75.8%，水电发电量 505 亿千瓦时，占总发电量的 24%，风电、太阳能发电量约 4 亿千瓦时，占比 0.2%。2017 年中亚发电量结构如图 1-10 所示。

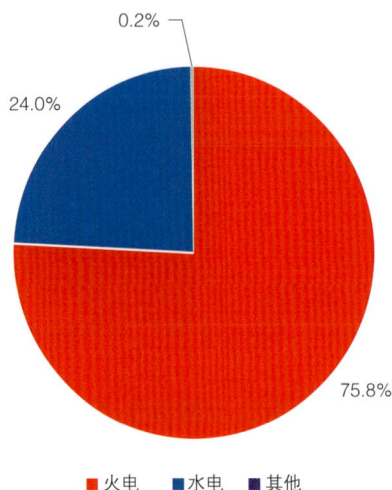

图 1-10   2017 年中亚发电量结构

人均装机容量和用电水平提升潜力大。 2017 年，中亚人均装机容量 0.64 千瓦，低于亚洲平均的 0.75 千瓦，其中哈萨克斯坦人均装机容量最高，远超过亚洲平均水平，达到 1.12 千瓦。2017 年，中亚年人均用电量 2840 千瓦时，远低于 4616 千瓦时的世界人均水平。中亚各国年人均用电量差异较大，其中哈萨克斯坦年人均用电量较高，约 5120 千瓦时，吉尔吉斯斯坦、塔吉克斯坦和乌兹别克斯坦年人均用电量低于亚洲平均值，分别为 2330、2020 和 1810 千瓦时，均不到哈萨克斯坦年人均用电量的一半。2017 年中亚各国年人均用电量与人均装机容量见图 1-11。

区域电网互联薄弱，技术设备需要升级。 中亚五国在苏联时期形成以 500 千伏和 220 千伏电网为主网架的中亚联合电网，由中亚联合电力系统统一调度。自 2003 年之后，土库曼斯坦断开了与乌兹别克斯坦连接的 500 千伏和 220 千伏线路，哈萨克斯坦、乌兹别克斯坦也分别于 2009、2010 年相继退出中亚联合电网，中亚联合电网解散，使中亚各国间电力交换水平显著下降。此外，中亚各国电力系统普遍建于 20 世纪 80 年代，超过 60% 的电网设备使用时间超过 20 年以上，由于缺乏维护，电网设备普遍老化，损耗问题突出。

清洁发展成为各国能源电力发展的主要目标。 中亚五国中哈萨克斯坦、乌兹别克斯坦、土库曼斯坦火电装机容量占总装机容量的 80% 及以上，大规模开发使用化石能源带来环境污染和气候变化等问题。同时，中亚国家拥有丰富的清洁可再生能源资源，例如哈萨克斯坦太阳能及风电、乌兹别克斯坦及土库曼斯坦太阳能、塔吉克斯坦和吉尔吉斯斯坦水电等都非常丰富，各

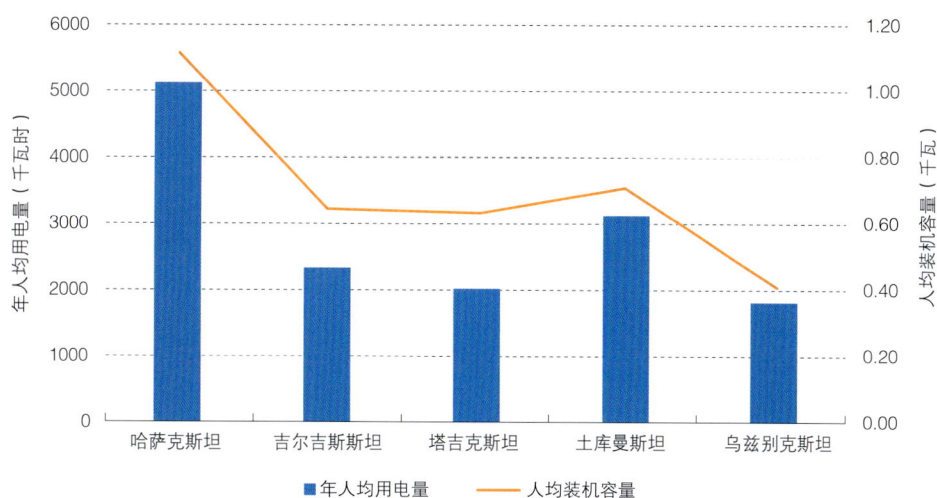

图 1-11　2017 年中亚各国年人均用电量与人均装机容量

国清洁能源开发逐渐提上日程。**哈萨克斯坦**颁布"绿色经济"转型法令，预计到 2020、2030年和 2050 年可再生能源和替代能源占比将分别达到 3%、30% 和 50%❶。**吉尔吉斯斯坦**和**塔吉克斯坦**等国继续保持以水电为主的高清洁能源发展模式。各国政府通过立法和制度改革对可再生能源提供大力支持，除了土库曼斯坦，中亚所有国家均已经采纳了可再生能源立法并引入了上网电价补贴政策。通过加快电网技术改造，加快区域主干网架建设，消除电力输送瓶颈，加强与周边国家的联网，促进电源侧清洁替代，实现能源结构转型。

1.3　可持续发展思路

1.3.1　全球能源互联网发展理念

能源发展方式的不合理是引发全球可持续发展挑战的关键因素，化石能源的大量消耗导致全球资源匮乏、环境污染、气候变化、健康贫困等一系列严峻问题。应对挑战，走可持续发展之路，实质就是推动清洁发展。构建全球能源互联网，为推动世界能源转型、加快清洁发展提供了根本方案。全球能源互联网是能源生产清洁化、配置广域化、消费电气化的现代能源体系，是清洁能源在全球范围大规模开发、输送和使用的重要平台，实质就是**"智能电网 + 特高压电网 + 清洁能源"**。

---

❶ 数据来源：纳扎尔巴耶夫，哈萨克斯坦 2050 战略，2017。

构建全球能源互联网，将加快推动**"两个替代、一个提高、一个回归、一个转化"**。

两个替代

能源开发实施清洁替代，以水能、太阳能、风能等清洁能源替代化石能源；能源消费实施电能替代，以电代煤、以电代油、以电代气、以电代柴，用的是清洁发电。

一个提高

提高电气化水平和能源效率，增大电能在终端能源消费中的比重，在保障用能需求的前提下降低能源消费量。

一个回归

化石能源回归其基本属性，主要作为工业原料和材料使用，为经济社会发展创造更大价值、发挥更大作用。

一个转化

通过电力将二氧化碳、水等物质转化为氢气、甲烷、甲醇等燃料和原材料，破解资源困局，满足人类永续发展需求。

构建全球能源互联网，加快形成清洁主导、电为中心、互联互通、共建共享的能源系统，能够极大地促进能源开发、配置和消费全环节转型，让人人获得清洁、安全、廉价和高效的能源，开辟一条以能源清洁发展推动全球可持续发展的科学道路。

1.3.2 中亚能源互联网促进中亚可持续发展

中亚可持续发展需秉持绿色低碳发展理念，坚持发展与转型并举，统筹中亚五国发展目标与需求，促进清洁能源产业链拉动经济可持续发展，全面落实《巴黎协定》2 摄氏度温控目标，深化区域全方位协同合作，实现中亚更为绿色和均衡的可持续发展。

经济方面	社会方面	合作方面	环境方面
大力开发清洁能源，促进能源转型，清洁能源产业链拉动经济可持续增长。	强化基础设施建设，提升社会福祉，实现社会的均衡和包容性发展。	以能源合作为龙头，推动区域能源市场合作，助力中亚区域能源互联互通。	加大温室气体和各类污染物排放控制力度，积极应对气候变化，积极推动生态文明建设。

实现中亚可持续发展，关键是加快开发清洁能源，加强能源基础设施互联互通，构建中亚能源互联网，打造清洁能源大规模开发、大范围输送和高效率使用平台，保障安全、充足、经济、高效的能源供应，加速实现绿色低碳发展。中亚能源互联网是全球能源互联网的重要组成部分，**中亚能源互联网总体思路是**立足资源禀赋特性，充分发挥区位优势，加快推进电网互联建设及清洁能源资源集约化开发利用，统筹利用区内、区外两个市场，打造亚欧之间绿色低碳、安全可靠、灵活互济的清洁能源大范围配置平台，以清洁电力贸易带动区域多层次融合，推动能源发展方式和经济产业发展模式转型，实现区域全面均衡发展。

大力开发清洁能源，优化能源结构。结合中亚各国能源资源优势，优先开发哈萨克斯坦风能，哈萨克斯坦、乌兹别克斯坦、土库曼斯坦太阳能，吉尔吉斯斯坦、塔吉克斯坦水电，形成清洁能源为主导的发展方向，从电源侧降低对化石能源的过度依赖，优化发电结构，通过开发清洁能源基地，为绿色氢能生产提供清洁、廉价、安全的电力来源，促进能源清洁低碳转型。

加强各国电网升级和区内跨国互联，推动区域一体化进程，促进经济均衡发展。加快推进各国电网升级和中亚区域电网建设，以电力基础设施互联互通为抓手，推动各国政策沟通、电网联通、贸易畅通、合作贯通，深化区域一体化建设，构建长效合作机制，形成更加包容的能源发展体系，保障可持续的能源安全，促进各国经济均衡发展。

加强与欧洲、东亚、南亚等国家和地区互联，实现清洁能源资源大范围优化配置，将能源资源优势转换为经济优势。 依托经济和能源资源禀赋优势，加快开发区域清洁能源，推动与欧洲、东亚及南亚国家的电力互联，扩大清洁能源消纳范围，以电力互联互通带动基础设施联通不断加强，通过建设亚欧清洁能源走廊，联通活跃的东亚经济圈，激发亚欧腹地国家经济活力。通过清洁能源产业链拉动经济可持续增长，共享资源差和时区差带来的联网效益。

能源电力发展趋势与展望

Chapter 2

围绕促进中亚经济、社会和环境的全面协调可持续发展，实现《巴黎协定》2 摄氏度温控目标，综合考虑资源、人口、经济、产业、技术、气候和环境等因素，对中亚能源电力发展趋势进行研判。中亚能源供应向清洁主导方向发展，能源消费向电为中心方向发展，能源需求稳步增长。终端部门电气化水平提高，拉动中亚电力需求持续增长。随着风电和太阳能发电成本的快速下降，清洁能源装机规模和速度快速提升，电力供应呈现清洁化、多元化、广域化发展趋势。

2.1 能源需求

2.1.1 一次能源

一次能源需求保持低速增长，增速放缓。按发电煤耗法计算，2017—2050 年，一次能源需求由 2.3 亿吨标准煤增至 3.4 亿吨标准煤，年均增速 1.2%，其中 2017—2035 年年均增速 1.7%，2035—2050 年年均增速 0.6%。**人均能源需求稳步提升。**2017—2050 年，人均能源需求从 3.3 吨标准煤缓慢提升至 3.6 吨标准煤，增长 10%。哈萨克斯坦、土库曼斯坦人均需求较高，2050 年分别达到 6.7、5.4 吨标准煤，高于中亚平均水平；塔吉克斯坦、乌兹别克斯坦人均需求提升较快，但仍落后于中亚平均水平，分别为 1.5、2.4 吨标准煤。2017—2050 年中亚各国一次能源需求预测如图 2-1 所示。

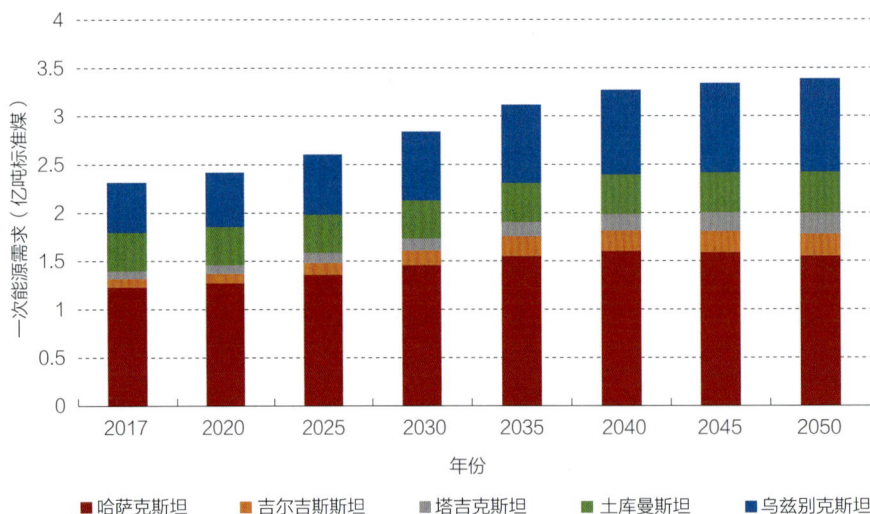

图 2-1 2017—2050 年中亚各国一次能源需求预测

哈萨克斯坦、乌兹别克斯坦引领能源增长，塔吉克斯坦、吉尔吉斯斯坦能源需求增速较快。哈萨克斯坦、乌兹别克斯能源需求量较大，2050 年分别达到 1.5 亿、1.0 亿吨标准煤，合计占中亚能源需求比重的 74%，增量占中亚增量的 71%。塔吉克斯坦、吉尔吉斯斯坦能源需求增速较快，分别达到 3.2%、2.9%，高于 1.2% 的中亚平均水平。2017—2050 年中亚区域与各国一次能源需求年均增长率预测如图 2-2 所示。

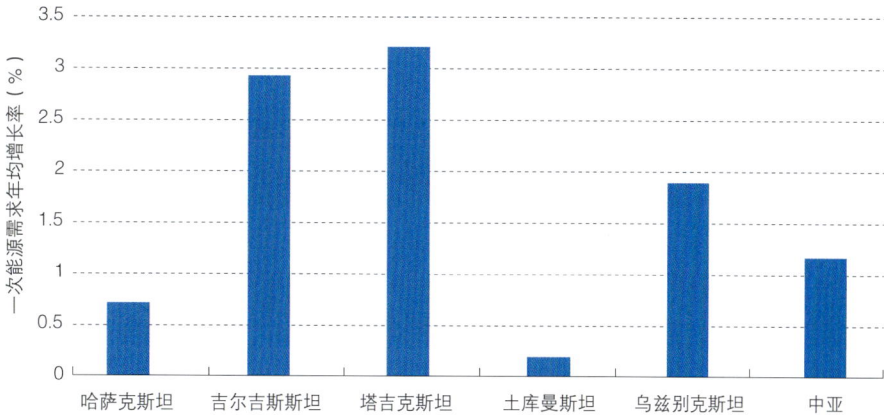

图 2-2　2017—2050 年中亚区域与各国一次能源需求年均增长率预测

煤炭需求持续下降，油气需求 2035 年后进入平台期，能源结构清洁化程度提升。哈萨克斯坦煤炭消费占中亚总消费量的 95%，近几年，哈萨克斯坦等国加快可再生能源发展，替代燃煤发电，煤炭需求将持续下降，2050 年降至 0.3 亿吨标准煤，较 2017 年下降 50%。中亚"地广人稀"，交通出行和运输服务需求较大，石油需求增长较快，2035 年左右进入平台期，约 0.6 亿吨标准煤，2050 年降至 0.4 亿吨标准煤，较 2017 年增长 13%。天然气是中亚支柱能源之一，全社会已广泛普及，增长空间已较小。2050 年天然气需求降至 1 亿吨标准煤，较 2017 年下降 12%。中亚清洁能源资源丰富，发展空间广阔，各国加速清洁能源开发，清洁能源需求快速增长，2050 年达 1.65 亿吨标准煤，较 2017 年增长 6.2 倍，尤其是从零起步的风光等可再生能源增速最快，年均增长达到 21%。2017—2050 年中亚一次能源分品种需求情况预测如图 2-3 所示。2017—2050 年，清洁能源占一次能源比重从 8% 提高至 51%❶，煤炭、石油和天然气比重分别下降至 9%、11% 和 29%。分国家看，哈萨克斯坦、吉尔吉斯斯坦清洁能源占一次能源比重较高，2050 年分别达到 85%、83%，土库曼斯坦、哈萨克斯坦逐渐摆脱对化石能源的高度依赖，但清洁能源占比仍落后于中亚平均水平，分别为 28%、48%。2017—2050 年中亚区域与各国清洁能源占一次能源需求比重如图 2-4 所示。

---

❶ 计算化石能源、清洁能源占一次能源比重时，不计入化石能源非能利用，下同。

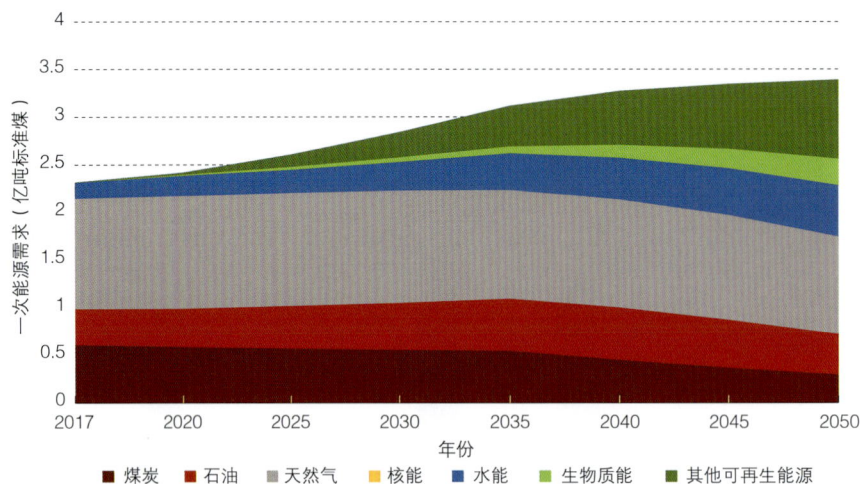

图 2-3　中亚一次能源分品种需求情况预测

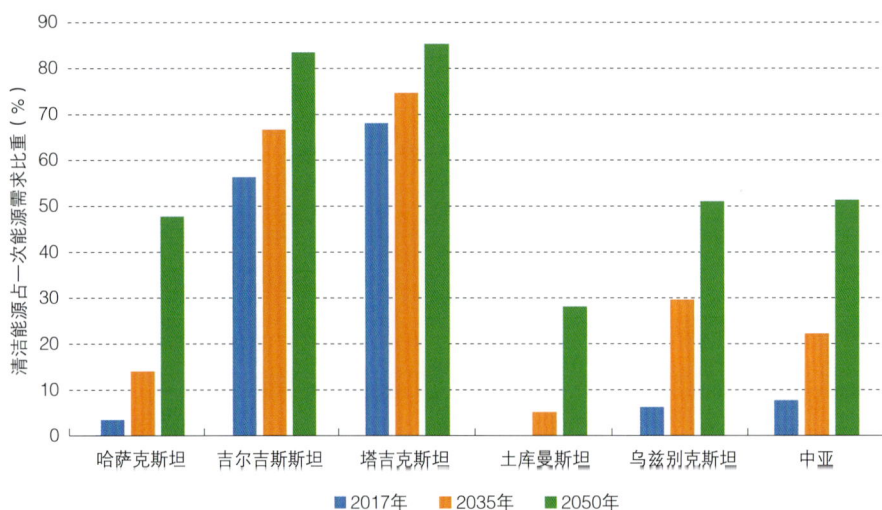

图 2-4　中亚区域与各国清洁能源占一次能源需求比重预测

2.1.2　终端能源

工业和交通为推动终端能源需求增长的主要动力。2017—2050 年，终端能源需求从 1.2 亿吨标准煤缓慢增长至 2.1 亿吨标准煤，年均增速达 1.5%。**工业部门，**中亚仍处于工业化初中级阶段，采掘业以外的其他产业发展薄弱，工业发展潜力很大。中亚制造业将加速发展，用能需求增长较快，2050 年达到 0.8 亿吨标准煤，年均增长 1.8%，占终端用能比重上升至 37%，增量占终端能源需求总增量的 47%。**建筑部门，**随着中亚人口增长，城镇化不断推进，居住建筑用能不断增加，以及商业、服务业、旅游业快速发展，建筑部门用能保持增长，2050 年达 0.7 亿吨标准煤，年均增速 0.5%，占终端用能比重下降至 36%，增量占终端能源需求总增量的

13%。**交通部门，**随着交通基础设施不断改善，居民出行及货运需求拉动交通部门用能快速增长，后期由于电动交通、氢能交通开始替代传统燃气燃油交通，交通部门用能需求增长放缓，2050 年增至 0.4 亿吨标准煤，年均增速 2.4%，占终端用能比重增至 19%，增量占终端能源需求总增量的 23%。**非能利用领域，**塑料等化工产品需求推动化石能源作原材料利用规模增长，2050 年非能利用领域用能需求增长至 0.2 亿吨标准煤，占终端用能比重的 8%。2017—2050 年中亚终端各部门能源需求预测如图 2-5 所示。

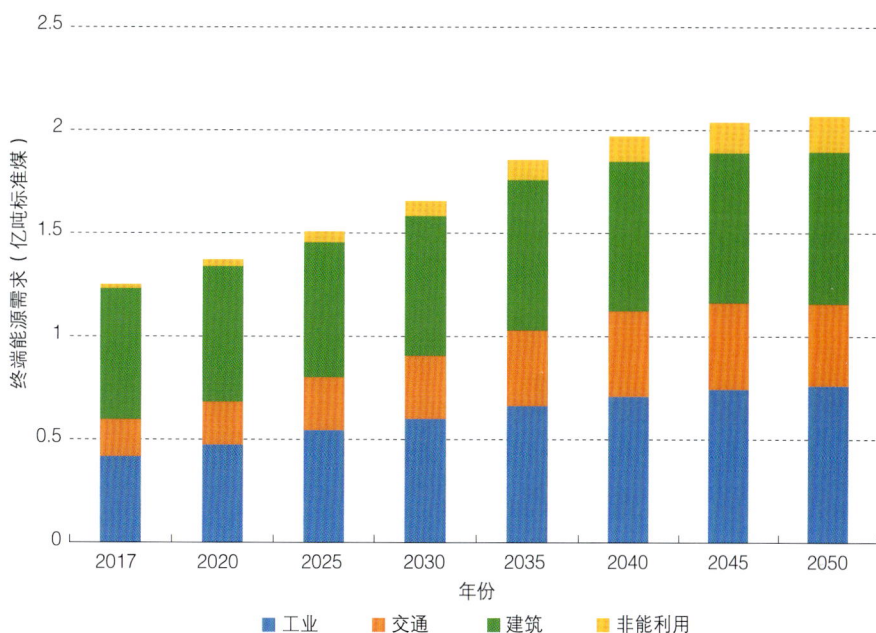

图 2-5 中亚终端各部门能源需求预测

终端用能电气化水平持续提升，电能 2035 年左右成为占比最高的终端能源品种。2017—2050 年，化石能源占终端能源比重 ❶ 由 75% 降至 50%，其中煤炭需求下降至 0.1 亿吨，石油、天然气需求增长至 0.38 亿、0.42 亿吨，占一次能源比重分别为 8%、20%、22%。氢能在道路交通等领域需求逐步增长，2050 年能源和原料用氢需求合计约 170 万吨，占终端能源比重 3%。同一时期，发电能源占一次能源的比重从 31% 提高到 52%，电能占终端能源的比重从 19% 提高到 40%，预计 2035 年左右，电能将超过石油成为占比最高的终端能源品种。2017—2050 年中亚终端能源各品种需求和电能占比预测如图 2-6 所示。分国家看，塔吉克斯坦、吉尔吉斯斯坦电气化水平较高，2050 年电能占终端能源比重均超过 65%。中亚各国电能占终端能源需求比重预测如图 2-7 所示。

---

❶ 计算化石能源、电能、氢能占终端能源比重时，不计入化石能源非能利用，下同。

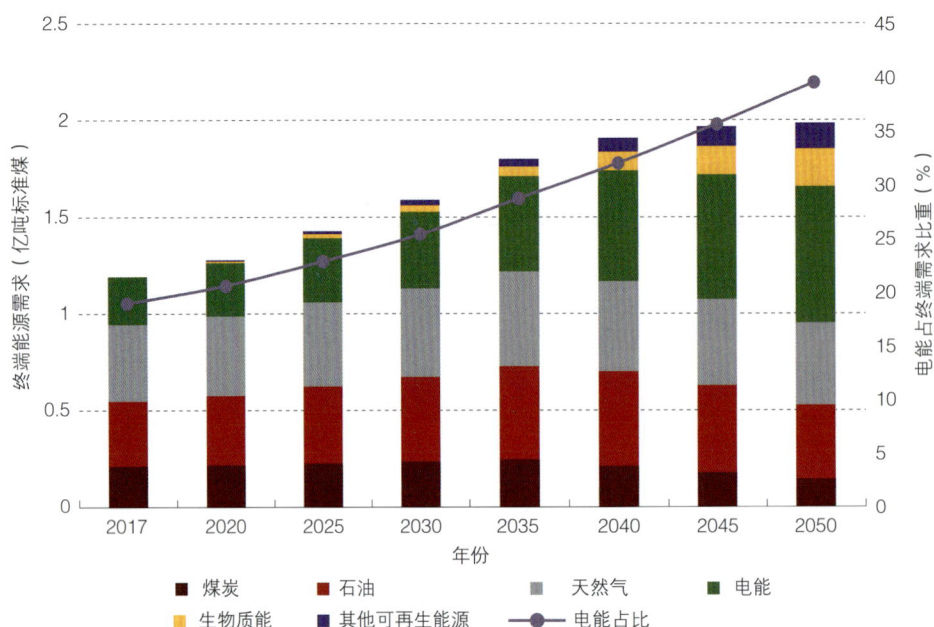

图 2-6　中亚终端能源各品种需求和电能占比预测

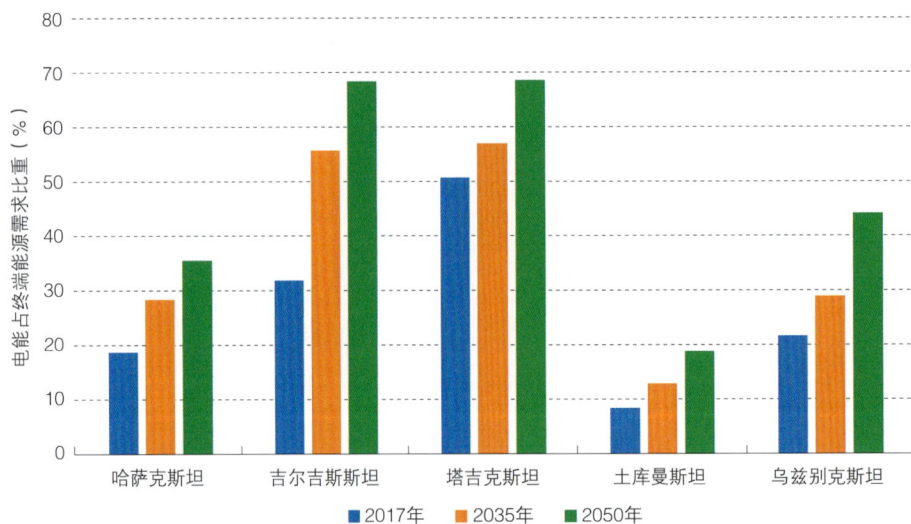

图 2-7　中亚各国电能占终端能源需求比重预测

终端各部门电能替代稳步推进，建筑部门电能占比最高、增幅最大。中亚制造业发展加快，电动机、热泵、电锅炉将替代燃油燃气锅炉成为主要供能设备，工业部门电能占比从 20% 提升至 38%。随着居民采暖、炊事等领域电能加快替代天然气和石油，以及商业、服务业等以电为主要能源的行业快速发展，建筑部门电气化水平持续提升，电能占比从 14% 提高到 47%。随着电动汽车不断普及，铁路电气化改造提速，后期氢能在长途货运和航空领域开始应用，交通部门电气化率不断上升，电能占比由不足 4% 提升至 18%。中亚终端各部门电能占比预测如图 2-8 所示。

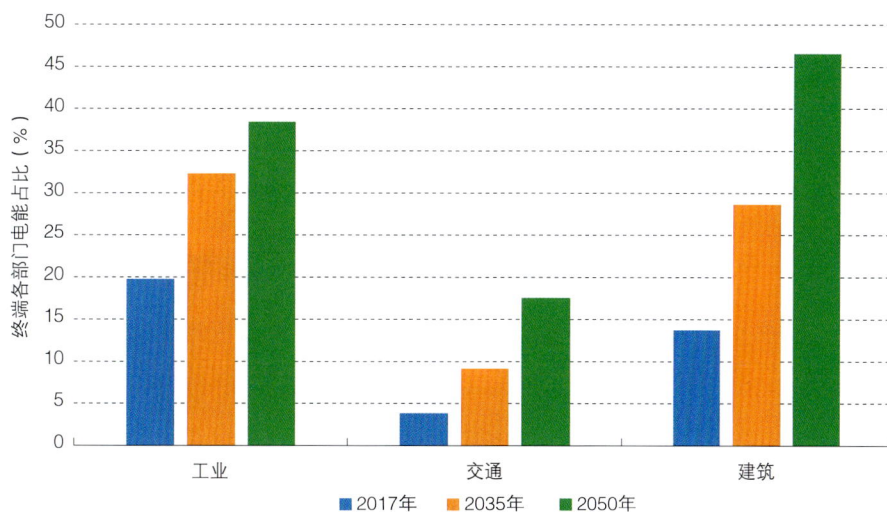

图 2-8　中亚终端各部门电能占比预测

2.2　电力需求

2.2.1　电力需求增长点

城镇化进程持续推进，工业化程度不断加深。中亚国家经济总量日益增长，产业结构日趋合理，能源、交通和农业等领域取得明显进展。未来，电力需求增长将主要来自工业化、城镇化的快速推进以及发展转型中的电能替代。2017 年哈萨克斯坦城镇化率约 57%，而吉尔吉斯斯坦和塔吉克斯坦城镇化率分别为 36% 和 27%，城镇化进程与发达国家相比尚处于中期和前期阶段，城镇化的发展将带来较大能源电力增长空间。此外，中亚地区经济结构以农业、矿产开发和油气行业为主，工业发展相对缓慢。未来，哈萨克斯坦将通过国家工业化，大力发展制造业等非能源产业，实现产业结构多样化；吉尔吉斯斯坦、塔吉克斯坦、乌兹别克斯坦也将加快工业发展。中亚工业化进程的推进和深化不仅带来能源电力需求显著增长，同时助力中亚摆脱对能源资源产业的依赖，保障经济持续、稳定增长。

2.2.2　电力需求预测

中亚电力需求总量稳步增长，2035 年和 2050 年电力需求分别是 2017 年的约 2.1 倍和 3.1 倍。中亚用电量从 2017 年的 2012 亿千瓦时，增长至 2035 年的 4135 亿千瓦时和 2050 年的 6174 亿千瓦时。2017—2035 年用电量年均增长率约为 4.1%，2035—2050 年用电量年均增长率约为 2.7%。中亚最大负荷从 2017 年的 3734 万千瓦，增长至 2035 年的 7146 万千瓦和 2050 年的 10 668 万千瓦。2017—2035 年最大负荷年均增长率约为 3.7%，2035—2050 年最大负荷年均增长率约为 2.7%。中亚各国用电量和最大负荷增长预测如图 2-9 所示，电力需求预测见表 2-1。

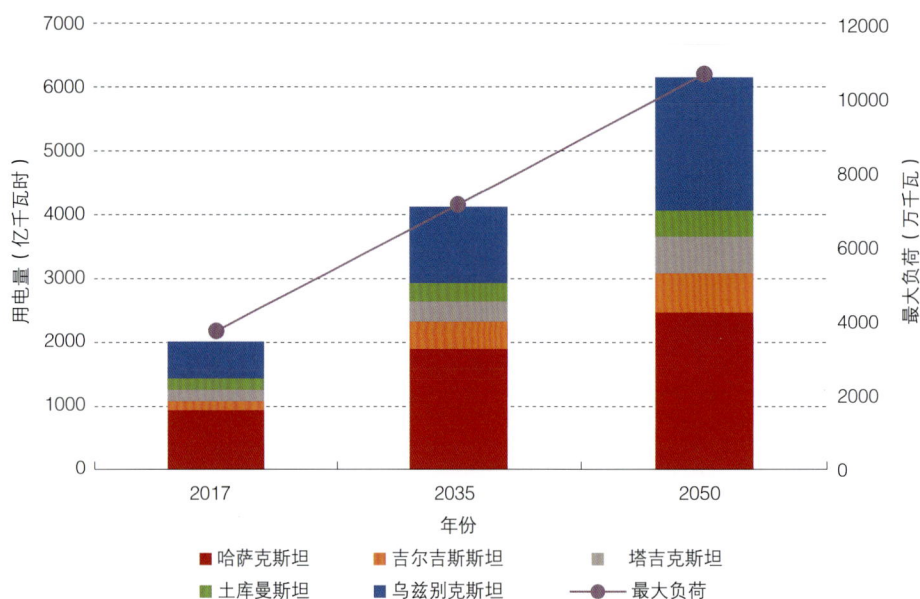

图 2-9　中亚各国用电量和最大负荷增长预测

表 2-1　中亚电力需求预测

地区 / 国家	用电量（亿千瓦时）			用电量增速（%）		最大负荷（万千瓦）			负荷增速（%）	
	2017年	2035年	2050年	2017—2035年	2035—2050年	2017年	2035年	2050年	2017—2035年	2035—2050年
中亚	2012	4135	6174	4.1	2.7	3734	7146	10668	3.7	2.7
哈萨克斯坦	932	1897	2473	4.0	1.8	1419	3292	4294	4.8	1.8
吉尔吉斯斯坦	141	432	620	6.4	2.4	383	700	1105	3.4	3.1
塔吉克斯坦	180	316	571	3.2	4.0	411	603	1086	2.2	4.0
土库曼斯坦	180	290	410	2.7	2.3	381	480	703	1.3	2.6
乌兹别克斯坦	579	1200	2100	4.1	3.8	1140	2071	3480	3.4	3.5

人均用电水平显著提升。2017—2050 年中亚年人均用电量从 2840 千瓦时增长至 6540 千瓦时，2050 年人均用电量是 2017 年的 2.3 倍。吉尔吉斯斯坦和乌兹别克斯坦年人均用电量增长相对较快，分别从 2017 年的 2329、1813 千瓦时增长至 2050 年的 7640、5130 千瓦时，分别增长 3.3 倍和 2.8 倍。哈萨克斯坦年人均用电量从 2017 年的 5120 千瓦时增长至 2050 年的超

过 1 万千瓦时，为中亚最高。土库曼斯坦和塔吉克斯坦人均用电量保持稳步增长，2050 年人均用电量分别达到约 5200、3930 千瓦时。中亚各国年人均用电量预测如图 2-10 所示。

　　分国家来看，哈萨克斯坦和乌兹别克斯坦是中亚主要电力消费国。 2050 年哈萨克斯坦和乌兹别克斯坦用电量分别达到约 2473 亿和 2100 亿千瓦时，占中亚用电量的比例分别为 40% 和 34%。土库曼斯坦用电量将达到 410 亿千瓦时，占比 6.6%，吉尔吉斯斯坦和塔吉克斯坦用电量将分别达到 620 亿、571 亿千瓦时，占中亚总用电量的 10% 和 9.2%。中亚各国用电量占比预测如图 2-11 所示。

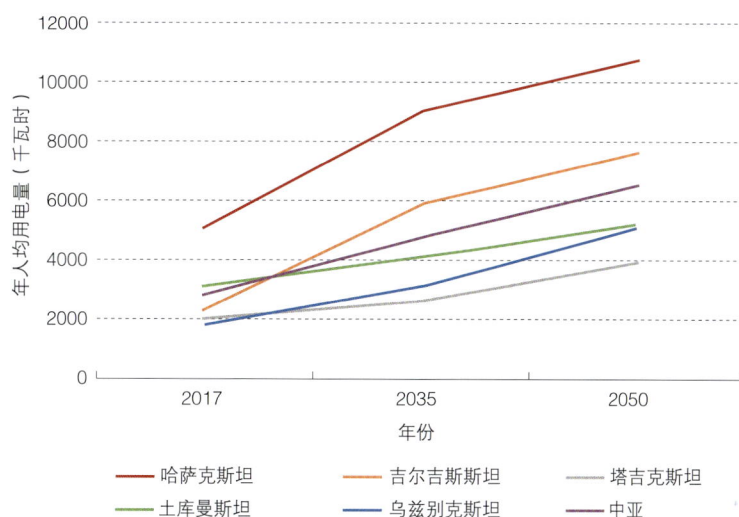

图 2-10　中亚各国年人均用电量预测

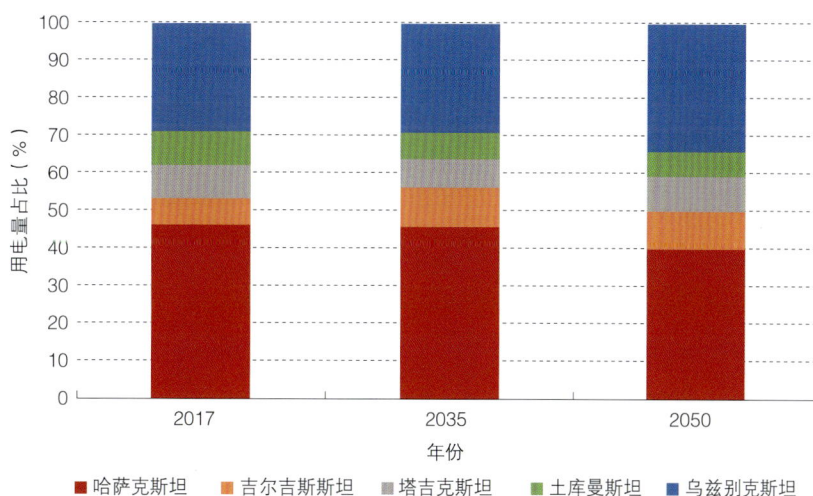

图 2-11　中亚各国用电量占比预测

2.3 电力供应

根据中亚清洁能源资源禀赋和空间分布，结合各国能源电力发展规划，综合考虑能源电力需求发展趋势、网源荷协调、气候变化及环境治理等因素，按照能源电力绿色、低碳和可持续发展原则，统筹开发各类型电源，充分发挥多能互补效益。**未来，中亚电力供应发展的总体趋势是注重电源装机结构的清洁化和协同发展，以清洁绿色方式保障经济可靠的电力供应。**

清洁能源发电竞争力显著增强，预计 2025 年前太阳能光伏和陆上风电竞争力将全面超过化石能源。亚洲清洁能源资源丰富，随着清洁能源发电技术的快速发展，预计到 2035 年，集中式开发的陆上风电和光伏发电的平均度电成本将分别下降到 3.0 美分 / 千瓦时和 1.9 美分 / 千瓦时，到 2050 年分别下降到 2.4 美分 / 千瓦时和 1.4 美分 / 千瓦时。亚洲清洁能源发电度电成本现状和预测如图 2-12 所示。

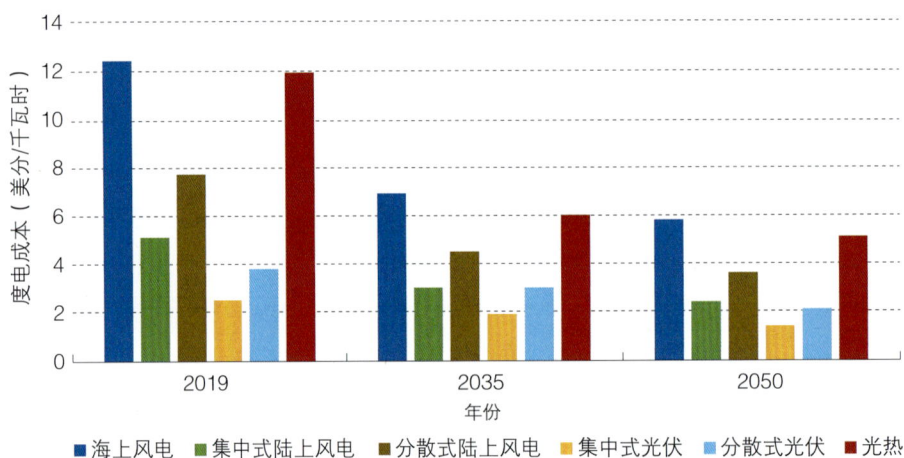

图 2-12 亚洲清洁能源发电度电成本现状和预测

电源装机容量持续快速增长，清洁能源装机容量和发电量占比持续提升。2035 年和 2050 年中亚电源装机容量分别达到 1.8 亿千瓦和 3.3 亿千瓦，2017—2035 年和 2036—2050 年电源装机容量年均增速分别为 8% 和 4%。2035 年和 2050 年，中亚清洁电源装机容量分别达到 1.1 亿千瓦和 2.4 亿千瓦，占中亚总装机容量的比重分别提升至 63% 和 73%，清洁能源发电量占比分别提升至 50% 和 67%。

2035 年，中亚装机容量总计 1.8 亿千瓦，其中清洁能源装机容量合计 1.1 亿千瓦，占比 63%；火电装机容量 6540 万千瓦，占比 36.7%。清洁能源装机容量中，水电（含抽水蓄能）装机容量 2892 万千瓦，占比 16.2%；太阳能装机容量 5865 万千瓦，占比 32.9%；风电装机容量 2471 万千瓦，占比 13.8%；生物质能及其他装机容量 70 万千瓦，占比 0.4%。2035 年中亚电源装机结构如图 2-13 所示。

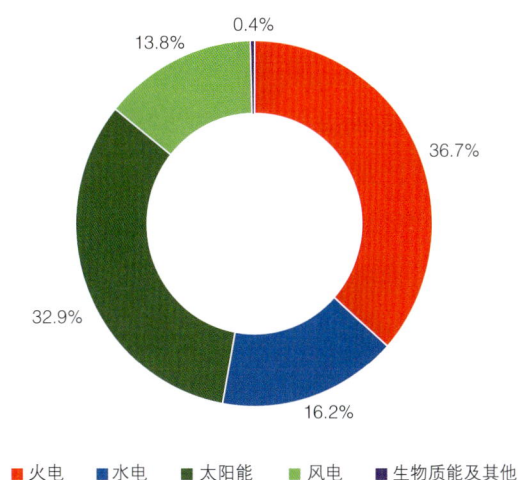

图 2-13 2035 年中亚电源装机结构

到 2035 年，中亚清洁能源发电总量将达到 2610 亿千瓦时，占总发电量的 50%，其中水电发电量 820 亿千瓦时，主要分布在吉尔吉斯斯坦和塔吉克斯坦，太阳能发电量 1310 亿千瓦时，主要分布在哈萨克斯坦和乌兹别克斯坦；风电发电量 445 亿千瓦时，主要分布在哈萨克斯坦。2035 年中亚清洁能源发电量构成如图 2-14 所示。

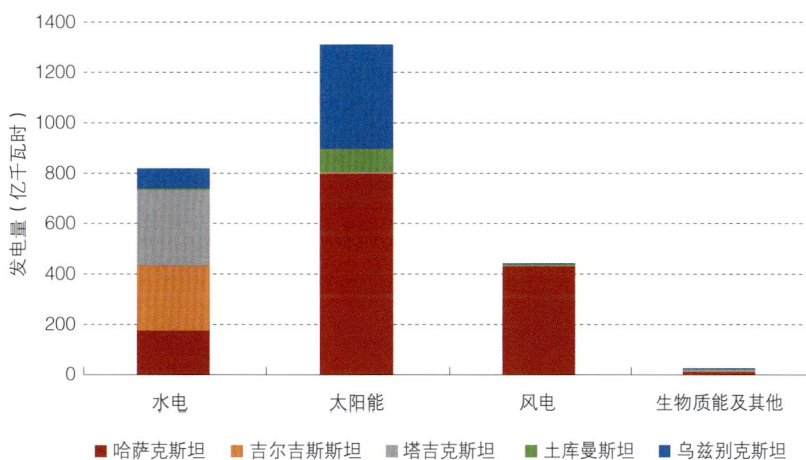

图 2-14 2035 年中亚清洁能源发电量构成

2050 年，中亚装机容量总计 3.3 亿千瓦，清洁能源装机容量合计 2.4 亿千瓦，占比 73%；火电装机容量 8990 万千瓦，占比 27.2%。清洁能源装机容量中，水电（含抽水蓄能）装机容量 3751 万千瓦，占比 11.3%；太阳能发电装机容量 1.4 亿千瓦，占比 41.9%；风电装机容量 6340 万千瓦，占比 19.2%；生物质能及其他装机容量 130 万千瓦，占比小于 1%。2050 年中亚电源装机结构如图 2-15 所示。

到 2050 年，中亚清洁能源发电总量将达到 5290 亿千瓦时，占总发电量的 67%，其中水电主要集中在吉尔吉斯斯坦和塔吉克斯坦，太阳能发电主要集中在哈萨克斯坦、土库曼斯坦和乌兹别克斯坦，风电主要集中在哈萨克斯坦。2050 年中亚清洁能源发电量构成如图 2-16 所示。

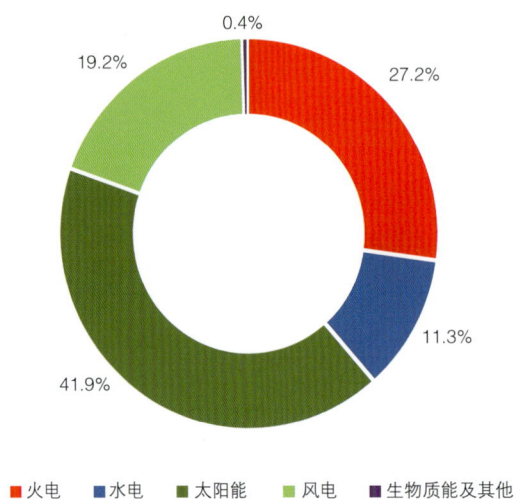

图 2-15   2050 年中亚电源装机结构

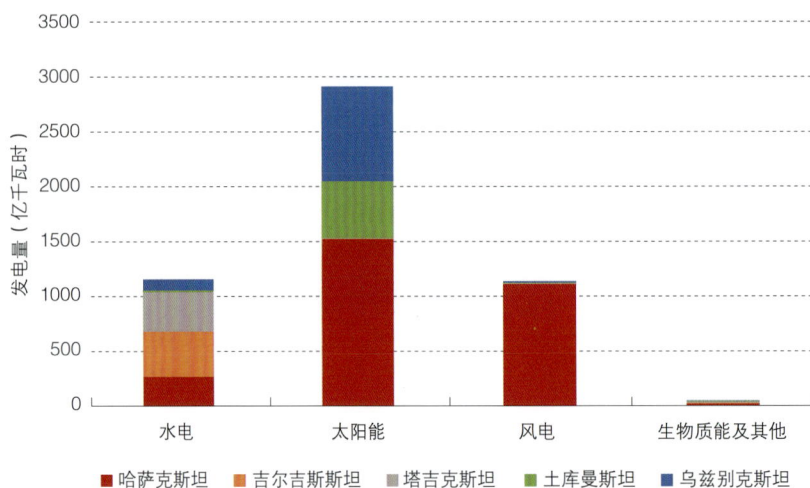

图 2-16   2050 年中亚清洁能源发电量构成

Chapter 3

清洁能源资源开发布局

中亚清洁能源资源丰富但分布不均，开发利用程度相对较低。未来，需要因地制宜推动清洁能源集中式开发，实现清洁能源的大规模开发和高效利用。综合风、光、降水等气候数据以及地理信息、地物覆盖等数据，参考借鉴相关国家和国际组织、机构等发布的研究成果，对中亚清洁能源资源及大型基地布局进行研判。

3.1 清洁能源资源分布

中亚清洁能源资源多样，水能、风能、太阳能等资源丰富，但分布不均，资源丰富地区大都远离负荷中心，需要就地转化为电能，远距离输电，扩大配置范围，将间歇性的风电、太阳能光伏发电融入互联互通的大电网，实现充分开发和高效利用。从分布情况看，中亚地势东南高西北低，河流多发源于东南部的塔吉克斯坦和吉尔吉斯斯坦，水能资源丰富；风能资源主要分布在哈萨克斯坦中北部平原、中亚东部帕米尔高原、天山山脉及中亚西部里海地区；太阳能资源主要分布在乌兹别克斯坦、土库曼斯坦和哈萨克斯坦。

3.1.1 水能

中亚五国水能理论蕴藏量9179亿千瓦时，其中塔吉克斯坦水能资源最丰富，其水电技术可开发量约4392亿千瓦时，位居世界第八，吉尔吉斯斯坦水电技术可开发量约992亿千瓦时。中亚国家水能资源情况见表3-1。

表 3-1 中亚国家水能资源情况 ❶

单位：亿千瓦时/年

国家	理论蕴藏量	技术可开发量
哈萨克斯坦	1700	620
吉尔吉斯斯坦	1625	992
塔吉克斯坦	5270	4392
土库曼斯坦	239	48
乌兹别克斯坦	885	274
合计	9719	6326

分河流看，中亚水能资源主要分布在阿姆河和锡尔河流域，技术可开发量分别约4550万、

---

❶ 数据来源：水电与大坝简史，2017。

1450 万千瓦。

阿姆河 ▶ ⋯⋯⋯⋯⋯⋯⋯⋯⋯⋯⋯⋯⋯⋯⋯⋯⋯⋯⋯⋯⋯⋯⋯⋯⋯⋯⋯

发源于中国与阿富汗瓦罕走廊边界——南瓦根基山口附近,是中亚流量最大的河流,流经塔吉克斯坦、阿富汗、乌兹别克斯坦、土库曼斯坦四个国家,最终注入咸海,干流全长 2540 千米,流域面积 46.5 万平方千米,主要支流有瓦赫基尔河、喷赤河和巴尔坦格河,技术可开发量超过 4550 万千瓦,开发比例约 9%。

锡尔河 ▶ ⋯⋯⋯⋯⋯⋯⋯⋯⋯⋯⋯⋯⋯⋯⋯⋯⋯⋯⋯⋯⋯⋯⋯⋯⋯⋯⋯

发源于中国与吉尔吉斯斯坦边界附近的伊塞克湖南岸西天山山地,流经塔吉克斯坦、乌兹别克斯坦、哈萨克斯坦三国注入咸海,干流全长 2212 千米,流域面积 21.9 万平方千米,主要支流有纳伦河、卡拉达利亚河和锡尔河,技术可开发量超过 1450 万千瓦,开发比例约 20%。

此外,中亚地区还有泽拉夫尚河、卡拉捷詹河、穆尔加布河、塔拉斯河和楚河,以及发源于中国新疆地区的伊犁河、乌拉尔河、额尔齐斯河等河流。湖泊有咸海、巴尔喀什湖以及世界上最大的湖泊里海,这些河流和湖泊构成了中亚地区庞大的内流区。

3.1.2 风能

中亚风能资源较好,理论蕴藏量约 77 万亿千瓦时 / 年。距地面 100 米高度全年平均风速约 1~8 米 / 秒。全年平均风速大于 7 米 / 秒的区域主要分布于哈萨克斯坦北部、西部和南部、土库曼斯坦北部以及乌兹别克斯坦西北部部分地区。该地区地处欧亚大陆腹地,属于大陆性温带沙漠、草原气候,风速较高,部分地区年平均风速可达 8 米 / 秒。

风速低于 5 米 / 秒的区域主要分布于哈萨克斯坦中东部、吉尔吉斯斯坦与塔吉克斯坦大部分地区。吉尔吉斯斯坦西部天山地区与塔吉克斯坦帕米尔地区山势陡峭,部分地区海拔超过 4000 米,地面被冰雪覆盖,风速较低。中亚年平均风速分布示意图如图 3-1 所示。

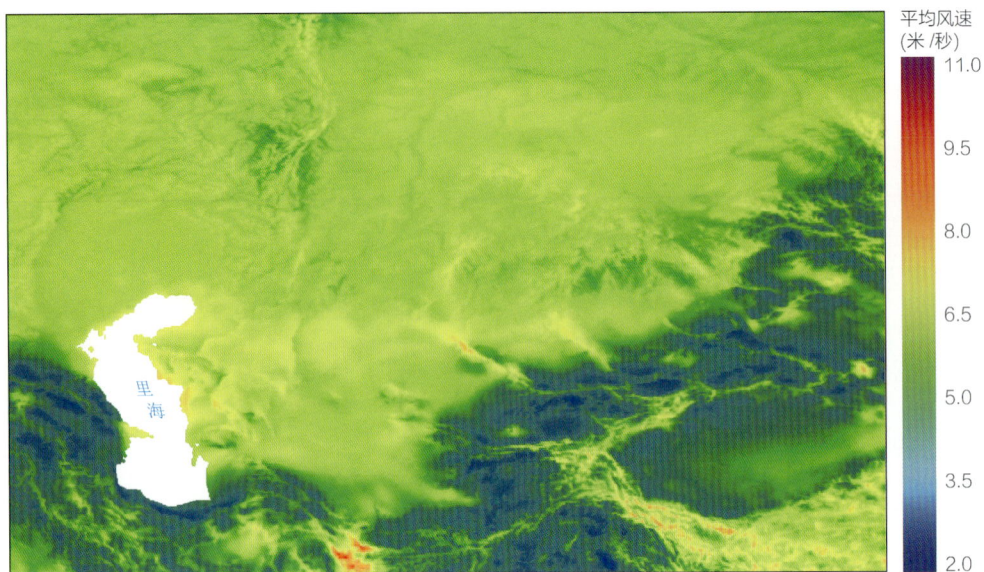

图 3-1   中亚年平均风速分布示意图

3.1.3   太阳能

中亚南部太阳能资源较好，北部太阳能资源一般，光伏发电理论蕴藏量约 5866 万亿千瓦时 / 年。太阳能年总水平面辐射量约 800～1900 千瓦时 / 平方米，大于 1800 千瓦时 / 平方米的区域主要分布于乌兹别克斯坦南部、土库曼斯坦中部和东南部以及塔吉克斯坦东部高原地区。该地区植被覆盖率低，部分区域海拔高、辐照度强，光照条件相对较好。太阳能年总水平面辐射量低于 1000 千瓦时 / 平方米的区域主要分布于哈萨克斯坦北部、吉尔吉斯斯坦和塔吉克斯坦中北部部分地区。其中，哈萨克斯坦北部位于北纬 50° 以上纬度较高地区，全年太阳辐射相对较少；吉尔吉斯斯坦和塔吉克斯坦中北部地区植被覆盖率相对较高且境内山地分布较为广泛，沟壑纵横，光照条件相对较差。中亚太阳能年总水平面辐射量分布示意图如图 3-2 所示。

中亚太阳能光热发电理论蕴藏量约 5803 万亿千瓦时 / 年，太阳能年法向直射辐射量约 400～2300 千瓦时 / 平方米，高于 2000 千瓦时 / 平方米的区域主要分布于土库曼斯坦与乌兹别克斯坦大部分地区、哈萨克斯坦东南部、吉尔吉斯斯坦东北部和塔吉克斯坦东部部分地区。该区域植被覆盖率低，且部分山地海拔超过 3000 米，太阳能法向直射辐射量高，其中塔吉克斯坦帕米尔高原部分地区可达 3000 千瓦时 / 平方米。太阳能年总法向直射辐射量低于 1000 千瓦时 / 平方米区域主要分布于哈萨克斯坦北部、吉尔吉斯斯坦西南部和塔吉克斯坦中北部部分地区。哈萨克斯坦北部地区纬度较高，全年太阳辐射相对较少；吉尔吉斯斯坦和塔吉克斯坦境内高原山地分布较广泛，山势险峻，光照条件较差，最低仅 400 千瓦时 / 平方米。中亚太阳能年总法向直射辐射量分布示意图如图 3-3 所示。

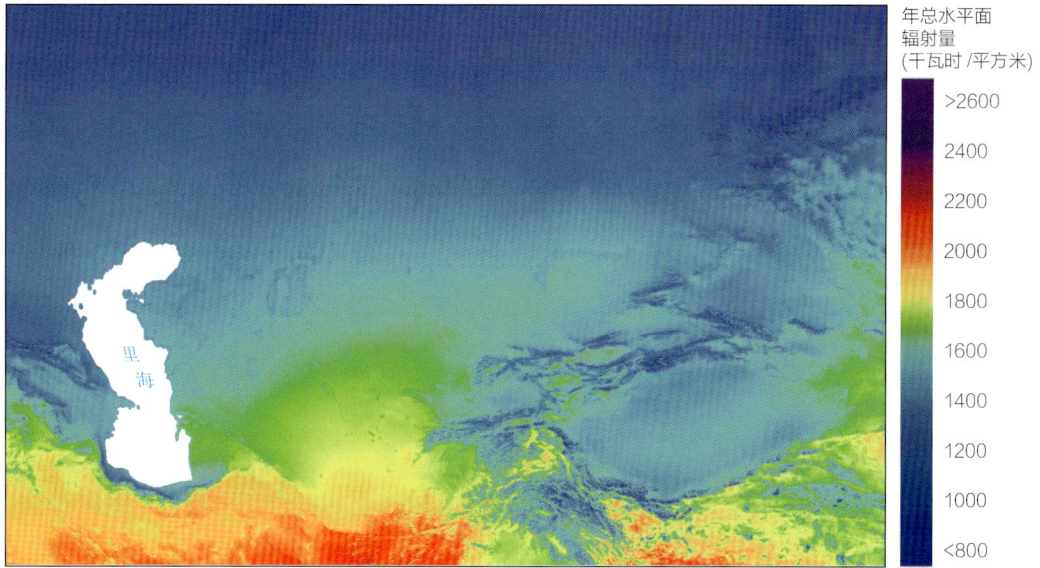

图 3-2　中亚太阳能年总水平面辐射量分布示意图

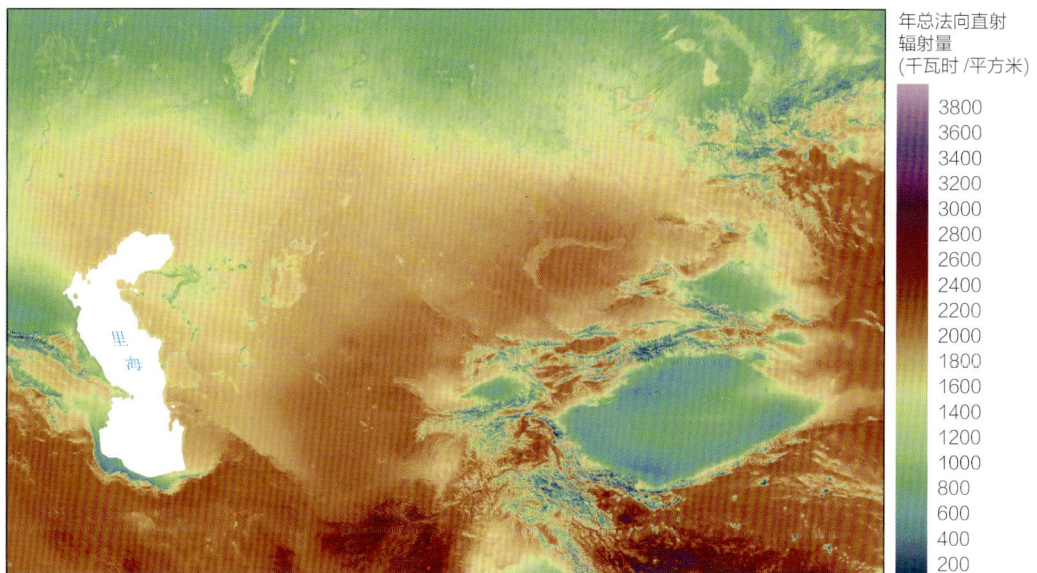

图 3-3　中亚太阳能年总法向直射辐射量分布示意图

3.2　清洁能源基地布局

3.2.1　水电基地

中亚地区主要开发阿姆河和锡尔河流域水电基地，水电基地布局示意图如图 3-4 所示，装机情况见表 3-2。

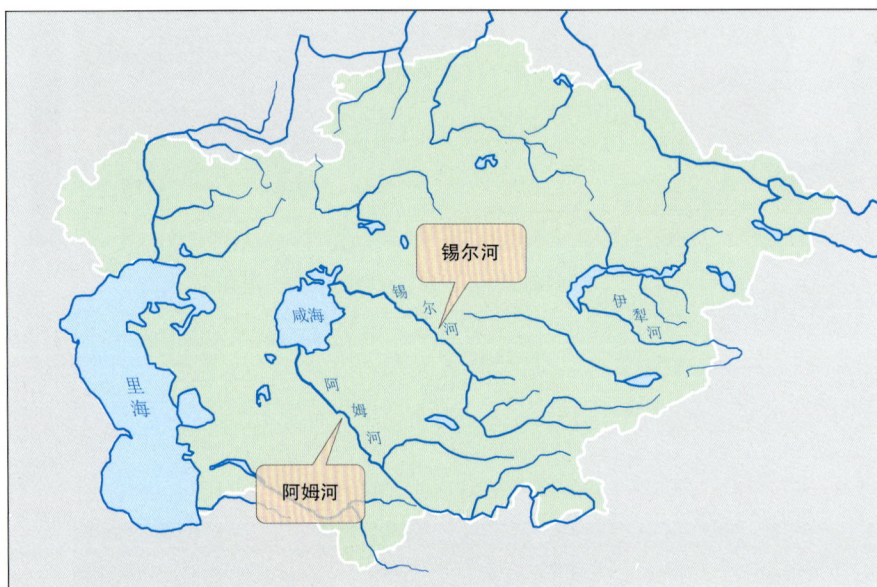

图 3-4　中亚水电基地布局示意图

表 3-2　中亚水电基地装机情况

流域	技术可开发量（万千瓦）	开发比例（%）	2035 年装机容量（万千瓦）	2050 年装机容量（万千瓦）
阿姆河	4550	9	900	1200
锡尔河	1450	20	900	1200
合计	6000	12	1800	2400

3.2.2　风电基地

中亚风电基地主要分布在里海地区的阿特劳和曼吉斯套州、中部地区的卡拉干达州及南部地区，建设 5 个大型风电基地，总技术可开发量约 8100 万千瓦。中亚风电基地布局示意图如图 3-5 所示，装机情况见表 3-3。

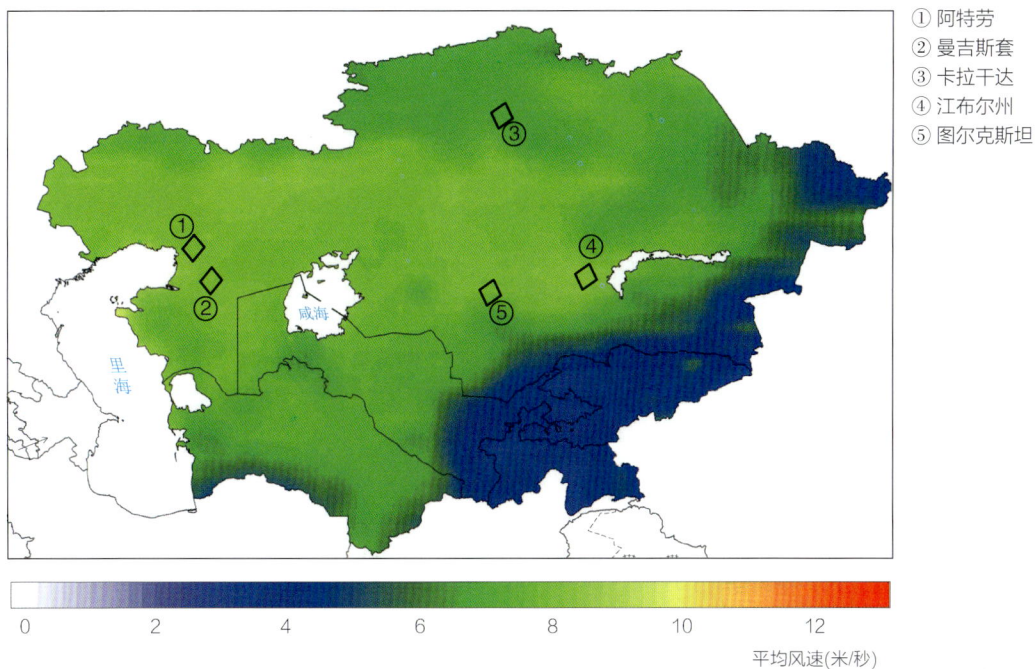

① 阿特劳
② 曼吉斯套
③ 卡拉干达
④ 江布尔州
⑤ 图尔克斯坦

平均风速(米/秒)

图 3-5　中亚风电基地布局示意图

表 3-3　中亚风电基地装机情况

单位：万千瓦

序号	基地选址	所属国家	技术可开发量	2035 年装机容量	2050 年装机容量
1	阿特劳	哈萨克斯坦	2500	700	1900
2	曼吉斯套	哈萨克斯坦	2500	600	1900
3	卡拉干达	哈萨克斯坦	1500	400	900
4	江布尔州	哈萨克斯坦	800	300	700
5	图尔克斯坦	哈萨克斯坦	800	300	600
	合计		8100	2300	6000

3.2.3　太阳能基地

　　中亚太阳能基地分布在哈萨克斯坦西南部、土库曼斯坦和乌兹别克斯坦的荒漠地带，建设 7 个大型太阳能基地，总技术可开发量约 2 亿千瓦，4 个太阳能光热基地，总技术可开发量约 4000 万千瓦。中亚太阳能基地布局示意图如图 3-6 所示，装机情况见表 3-4。

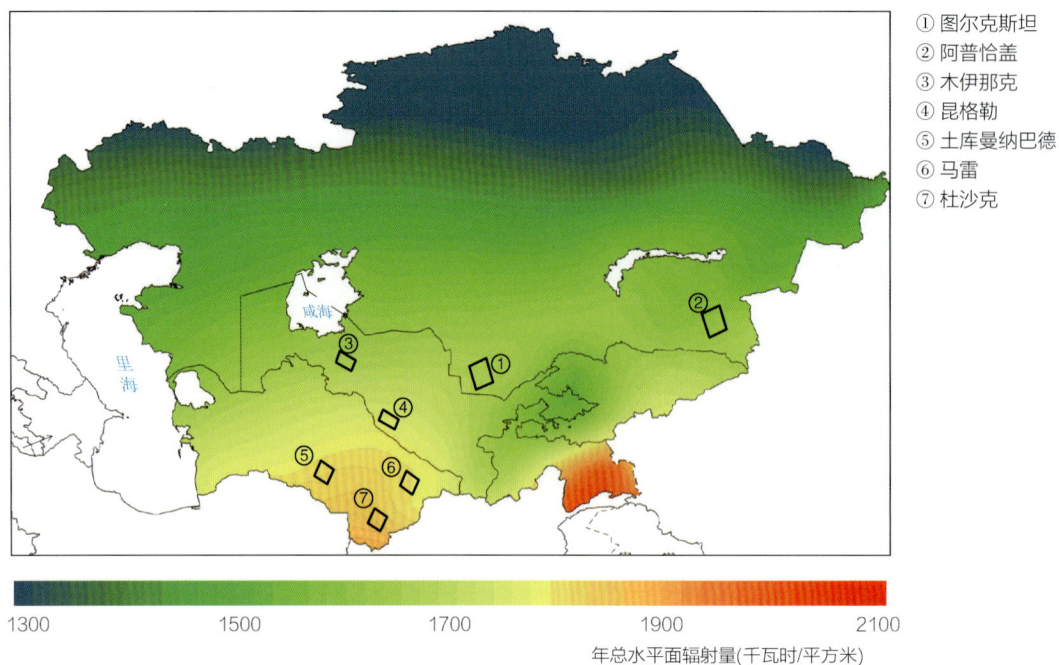

① 图尔克斯坦
② 阿普恰盖
③ 木伊那克
④ 昆格勒
⑤ 土库曼纳巴德
⑥ 马雷
⑦ 杜沙克

图 3-6　中亚太阳能基地布局示意图

表 3-4　中亚太阳能基地装机情况

单位：万千瓦

序号	基地选址	所属国家	技术可开发量		2035 年装机容量		2050 年装机容量	
			光伏	光热	光伏	光热	光伏	光热
1	图尔克斯坦	哈萨克斯坦	5000	1000	960	800	3000	800
2	阿普恰盖	哈萨克斯坦	5000	1000	960	700	3000	800
3	木伊那克	乌兹别克斯坦	1000	—	200	—	600	—
4	昆格勒	乌兹别克斯坦	3000	1000	750	800	2400	800
5	土库曼纳巴德	土库曼斯坦	2000	—	160	—	500	—
6	马雷	土库曼斯坦	2000	—	160	—	500	—
7	杜沙克	土库曼斯坦	2000	1000	320	—	1000	400
	合计		20000	4000	3510	2300	11000	2800

Chapter 4

电网互联

根据中亚清洁能源资源禀赋和空间分布，参考各国能源电力发展规划，统筹清洁能源与电网发展，加快各国和区域电网升级；依托特高压交直流等先进输电技术，充分发挥各国优势，推进电网互联和跨国能源通道建设，形成覆盖清洁能源基地和负荷中心的坚强网架，全面提升电网的资源配置能力，支撑清洁能源大规模、远距离输送以及大范围消纳和互补互济，保障电力可靠供应，满足中亚各个国家经济社会可持续发展的电力需求，带动能源向清洁、绿色、低碳转型，保障经济社会可持续发展。

4.1 电力流

统筹考虑电源发展、电力需求分布和清洁能源开发布局，通过电力电量平衡分析，**中亚电力流呈现"东西双向外送电"格局。**哈萨克斯坦风能、太阳能和土库曼斯坦、乌兹别克斯坦太阳能具备大规模开发潜力，到 2050 年，哈萨克斯坦和土库曼斯坦存在较大电力盈余。**区内，**逐步形成哈萨克斯坦"北电南送"，土库曼斯坦"西电东送"格局；**跨区，**以哈萨克斯坦北部风电和太阳能基地为中心，外送欧洲和中国；塔吉克斯坦水电外送南亚巴基斯坦。2050 年中亚电力流总体格局如图 4-1 所示。

图 4-1 2050 年中亚电力流总体格局

4.1.1 各国供需平衡

- **哈萨克斯坦：** 2050 年最大负荷 4290 万千瓦，电源装机容量 1.9 亿千瓦，是中亚重要的太阳能和风电基地。在满足中亚区域电力需求的基础上，哈萨克斯坦盈余电力向西外送欧洲德国负荷中心，向东外送中国中部负荷中心。

- **吉尔吉斯斯坦：** 2050 年最大负荷 1105 万千瓦，规划装机容量 1600 万千瓦，是中亚重要的水电基地。未来随着电力需求的增加，枯水期吉尔吉斯斯坦受入哈萨克斯坦和中国电力，丰水期在满足本国用电需求的基础上，与中国新疆实现电力互济。

- **塔吉克斯坦：** 2050 年最大负荷 1090 万千瓦，规划装机容量 1350 万千瓦，是中亚重要的水电基地。未来随着电力需求的增加，塔吉克斯坦将受入哈萨克斯坦和土库曼斯坦电力，并在满足本国用电需求的基础上，向南电力外送南亚巴基斯坦。

- **土库曼斯坦：** 2050 年最大负荷 700 万千瓦，规划装机容量 4290 万千瓦，是中亚重要的太阳能基地。土库曼斯坦在满足本国用电需求的基础上，盈余电力主要外送乌兹别克斯坦和塔吉克斯坦，部分电力外送西亚阿富汗。

- **乌兹别克斯坦：** 2050 年最大负荷 3480 万千瓦，规划装机容量 6610 万千瓦，是中亚重要的太阳能基地。未来随着电力需求的增加，乌兹别克斯坦将受入土库曼斯坦电力。

4.1.2 电力流方案

2035 年和 2050 年，中亚跨区跨国电力流分别达到 2930 万千瓦和 5130 万千瓦。

2035 年， 中亚地区总体呈现电力盈余状态，跨区电力流规模约 2030 万千瓦。通过开发哈萨克斯坦风电、太阳能发电和塔吉克斯坦、吉尔吉斯斯坦水电，哈萨克斯坦外送中国电力 800 万千瓦，外送欧洲德国电力 800 万千瓦；塔吉克斯坦依托丰富的水电，实现外送南亚巴基斯坦电力 130 万千瓦；吉尔吉斯斯坦与中国新疆丰枯互济 300 万千瓦。中亚区域内跨国电力流 900 万千瓦。吉尔吉斯斯坦、塔吉克斯坦分别受入哈萨克斯坦电力各 200 万千瓦；乌兹别克斯坦受入土库曼斯坦太阳能电力 300 万千瓦；塔吉克斯坦受入土库曼斯坦太阳能电力 200 万千瓦。

2035 年中亚电力流示意如图 4-2 所示。

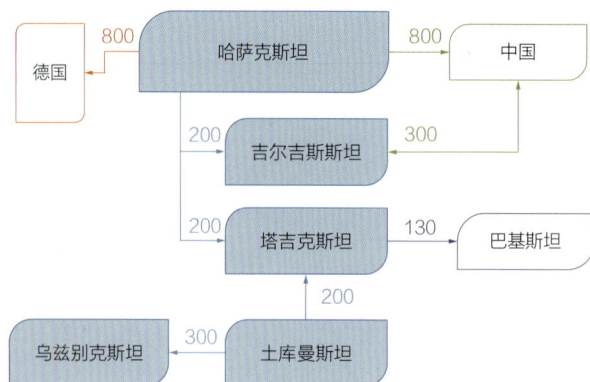

图 4-2　2035 年中亚电力流示意图（单位：万千瓦）

2050 年，中亚地区风能、太阳能、水能资源都得到进一步开发利用，电力盈余增加，跨区跨国电力流达到 5130 万千瓦，其中跨洲跨区电力流规模约 3030 万千瓦，中亚地区发展成为亚欧大陆重要的清洁能源电力外送基地。依托丰富的太阳能、风能资源开发，哈萨克斯坦外送中国中部电力 800 万千瓦，外送欧洲德国电力增加到 1600 万千瓦；吉尔吉斯斯坦与中国新疆电力互济 300 万千瓦；南亚阿富汗受入土库曼斯坦太阳能电力 200 万千瓦；依托丰富的水能，塔吉克斯坦实现外送南亚巴基斯坦电力 130 万千瓦。中亚区域内跨国电力流 2100 万千瓦。吉尔吉斯斯坦、塔吉克斯坦进一步增加哈萨克斯坦电力受入，分别达到 600 万、300 万千瓦；塔吉克斯坦、乌兹别克斯坦受入土库曼斯坦太阳能电力分别增加至 600 万千瓦、600 万千瓦。

2050 年中亚电力流示意如图 4-3 所示。

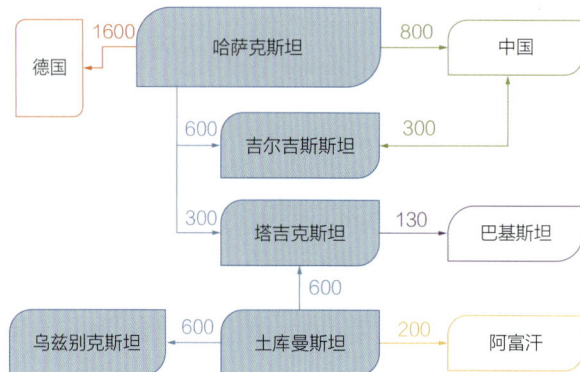

图 4-3　2050 年中亚电力流示意图（单位：万千瓦）

构建亚欧清洁能源走廊

中亚清洁能源资源丰富，哈萨克斯坦、乌兹别克斯坦、土库曼斯坦等地区太阳能年总水平面辐射量达 1800 千瓦时 / 平方米以上，哈萨克斯坦平均风速达到 6~8 米 / 秒。大规模开发中亚清洁能源资源，利用特高压输电技术实现东亚、中亚至欧洲的电力互联，将构建亚欧清洁能源走廊，实现跨洲跨区资源优化配置，推动各国释放清洁能源发展潜力。中亚将成为连接亚洲及欧洲的电力外送和互济枢纽。

亚洲、欧洲风能呈现"冬大夏小"的出力特性，太阳能呈现"夏大冬小"出力特性，风电与太阳能发电具备跨季节互补特性。欧洲与亚洲主要负荷中心之间存在时区差，各负荷中心因生产生活产生的用电负荷高峰并不会同时出现，负荷特性具有较强互补性。通过大范围电网互联互通，可充分利用清洁发电资源和电力负荷的跨时区、跨季节互补性，优化资源配置，提高清洁能源利用水平，共享联网效益。一方面，利用风能与太阳能之间发电出力的季节互补性、不同时区之间太阳能发电出力的互补性、不同地区之间风电出力的互补性、水电与风电和太阳能电力之间灵活程度的互补性，在相同清洁能源装机容量情况下，可以有效提高系统可用容量，降低弃风、弃光、弃水量，提高清洁能源利用水平。另一方面，欧洲用电高峰多出现于冬季，而冬季欧洲和亚洲北部风电出力较高，在计及负荷曲线变化趋势的基础上，适度开发出力曲线与负荷变化趋势较为同步的清洁电源，利用清洁能源发电与负荷曲线变化的同步性，提升清洁能源资源的利用率。

以中国—哈萨克斯坦—德国电力互联通道为例，2035 年建设哈萨克斯坦—德国、哈萨克斯坦—中国输电工程，中亚每年分别可向德国、中国输送清洁电力约 400 亿千瓦时。相对于无互联情景，德国平均用电成本将下降约 1.6%，欧洲因燃烧化石燃料发电带来的 CO_2 排放减少约 1900 万吨，碳排放量可下降 7.7%。如果按照 CO_2 排放价格为 40 美元 / 吨，则每年分别可为欧洲节省碳排放费用约 7.9 亿美元。同时，风能和太阳能等可再生能源发电利用率将提高 0.22 个百分点，弃风弃光量减少 67.6 亿千瓦时。

4.2　电网互联方案

4.2.1　总体格局

　　未来，中亚需要加快哈萨克斯坦风能、太阳能，乌兹别克斯坦、土库曼斯坦太阳能，塔吉克斯坦、吉尔吉斯斯坦水电等大型清洁能源基地开发外送；加快完善中亚各国电网建设，加强跨国电力互联，拓宽能源电力供给途径的同时，充分发挥特高压技术优势，加快跨洲跨区电网互联，促进中亚清洁能源基地电力外送欧洲、中国、南亚，成为连接亚欧的桥梁。

　　中亚电网发展将按照双边、多边、区域分阶段构建中亚能源互联网。通过中亚风能、太阳能、水电等大型清洁能源基地开发及电力外送通道建设，**到 2050 年区内形成紧密联系的同步电网，**覆盖主要清洁能源基地和负荷中心，支撑清洁能源大规模消纳和远距离外送；**跨区，成为连接亚洲和欧洲的电力外送和互济枢纽，**向西连接欧洲德国、向东连接东亚中国、向南连接南亚巴基斯坦，将中亚丰富的清洁电力送到德国、中国东中部、巴基斯坦北部负荷中心。

- **哈萨克斯坦**形成覆盖全国的 1000 千伏特高压交流骨干网架，连接北部电网、西部电网和南部电网，全面提高电网接纳清洁能源的能力和供电可靠性。通过 ±800 千伏特高压直流与欧洲、东亚互联，实现哈萨克斯坦风电、太阳能电力大规模外送。加强与塔吉克斯坦、吉尔吉斯斯坦电力互联，提升区域内北电南送规模，满足东南部地区负荷中心用电需求。

- **吉尔吉斯斯坦**加强现有 500 千伏网架，形成覆盖全国的 500 千伏交流环网，提升供电可靠性。向北加强与哈萨克斯坦互联，提升电力受入与消纳能力；向东通过直流背靠背工程加强与中国新疆电网互联，实现与中国电力互补互济。

- **塔吉克斯坦**形成覆盖中西部区域的 500 千伏交流电网，与吉尔吉斯斯坦、土库曼斯坦形成同步电网；同时加强现有 220 千伏、110 千伏电网建设，全面提高电网接纳清洁能源的能力和供电可靠性。通过 ±500 千伏直流与南亚巴基斯坦实现跨国联网。

- **土库曼斯坦**加强现有 500 千伏、220 千伏、110 千伏电网建设，形成覆盖全国的 500 千伏交流主网架，覆盖东南部地区大型太阳能基地；加强东西方向输电通道建设，提升清洁能源电力外送能力。

● **乌兹别克斯坦**加强 500 千伏电网建设，在东部首都塔什干周边形成受端环网。配合 500 千伏交流主网架建设，进一步加强 220 千伏电网，扩大电网覆盖范围，加强与土库曼斯坦、塔吉克斯坦、吉尔吉斯斯坦互联，提高电网供电可靠性。

4.2.2 互联方案

2035 年，中亚用电量 4140 亿千瓦时，最大负荷 7150 万千瓦，电源装机容量 1.8 亿千瓦。

跨洲跨区，向西，新建哈萨克斯坦西部阿克托比到德国 ±800 千伏直流线路，与欧洲电网异步互联，送电欧洲。向东，新建哈萨克斯坦送电中国 ±800 千伏直流工程，新建吉尔吉斯斯坦与中国新疆直流背靠背互联工程，实现电力互济。向南通过 1 条 ±500 千伏直流线路送电巴基斯坦。

区域内，中亚形成以 500 千伏电压为主的交流同步电网。分国家看，哈萨克斯坦北部电网、西部电网和南部电网通过 1000 千伏交流线路互联，建成全国同步电网。新建库斯塔奈—图尔盖—卢本卡—阿克托比双回 1000 千伏交流通道，实现哈萨克斯坦北部电网和西部电网互联；新建巴甫洛达尔—萨雷沙甘—阿普恰盖双回 1000 千伏交流线路，加强哈萨克斯坦北部电网和南部电网互联。乌兹别克斯坦形成覆盖全国的 500 千伏电网，在东部负荷中心区域形成环网，加强与塔吉克斯坦、吉尔吉斯斯坦和哈萨克斯坦联网，并向西延伸 500 千伏电网至木伊那克，加强国内东西部电网互联。吉尔吉斯斯坦、塔吉克斯坦和土库曼斯坦均形成 500 千伏链式网架，与乌兹别克斯坦和哈萨克斯坦互联，形成中亚同步电网。

2035 年中亚电网互联示意如图 4-4 所示。

2050 年，中亚用电量 6170 亿千瓦时，最大负荷 1.1 亿千瓦，电源装机容量 3.3 亿千瓦。

跨洲跨区，向西新增哈萨克斯坦北部库斯塔奈到德国 ±800 千伏直流工程，加强与欧洲联网；向南新建土库曼斯坦到阿富汗的直流背靠背，与西亚互联。

区域内，哈萨克斯坦形成"三横两纵"的特高压交流主网架，其他国家加强 500 千伏交流电网建设，形成环网结构，进一步加强各国电网互联，支撑大规模清洁能源电力优化配置及消纳。哈萨克斯坦，新建塞米伊—阿克斗卡—萨雷沙甘—热孜卡兹甘—图尔盖、热孜卡兹甘—图尔克斯坦双回 1000 千伏交流通道，形成覆盖全国的 1000 千伏特高压交流主网架，并加强与吉尔吉斯斯坦、塔吉克斯坦和乌兹别克斯坦互联。除哈萨克斯坦外，其余各国加强 500 千伏交流主网架与跨国联网通道建设，形成中亚地区坚强交流骨干网架，覆盖主要能源基地和负荷中心，实现区域内部水电、火电和新能源灵活调节和联合外送。

2050 年中亚电网互联示意如图 4-5 所示。

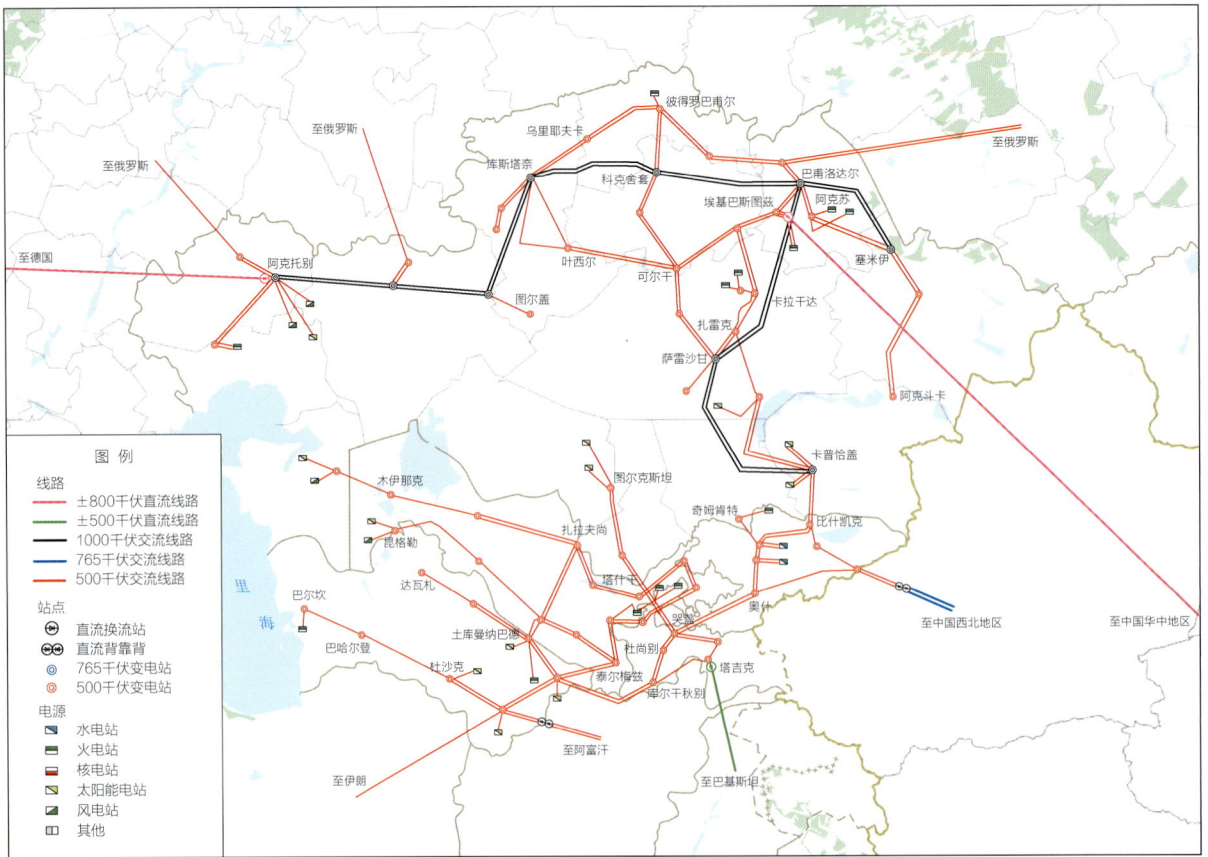

图 4-4　2035 年中亚电网互联示意图

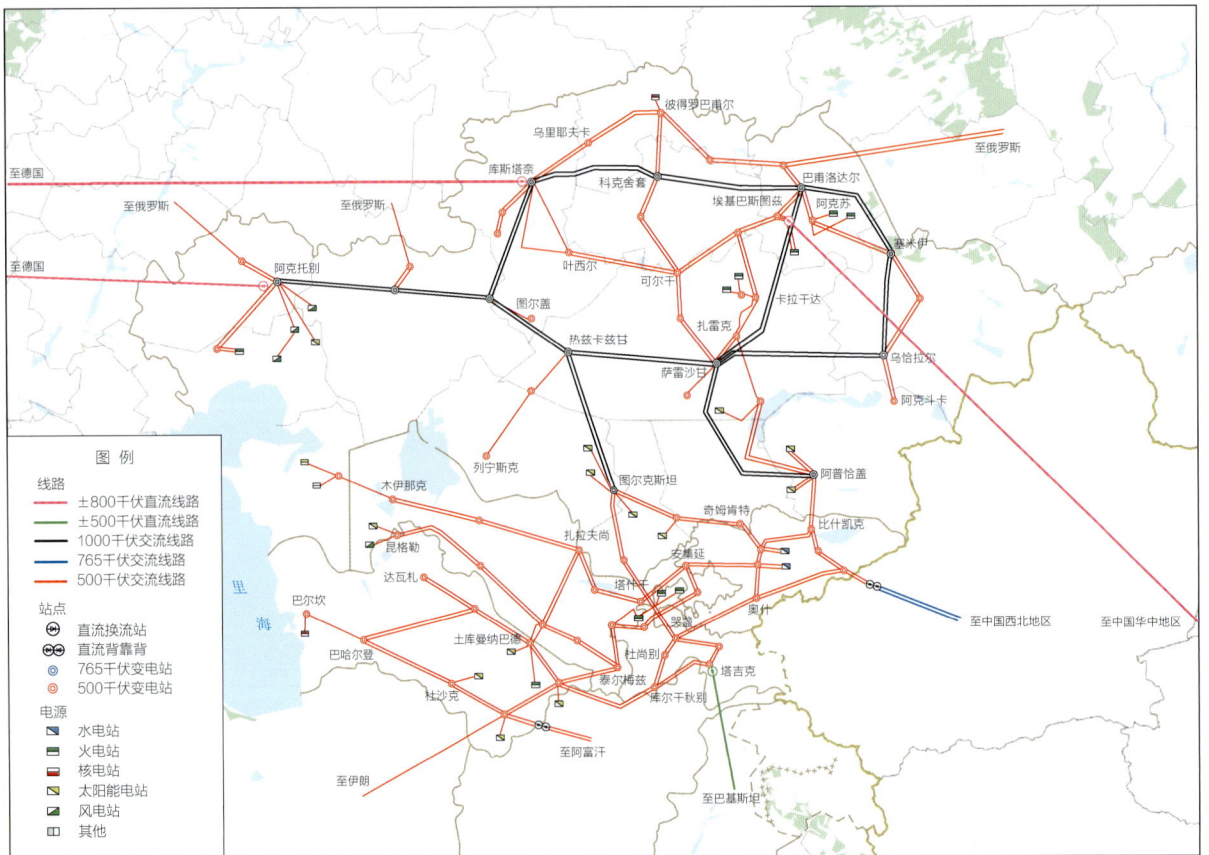

图 4-5　2050 年中亚电网互联示意图

4.3 重点互联互通工程

1 跨洲跨区互联工程（如图 4-6 所示）

哈萨克斯坦阿克托比—德国慕尼黑 ±800 千伏直流输电工程，定位哈萨克斯坦风电、太阳能发电外送欧洲德国，充分利用亚欧之间清洁能源发电和电力负荷的多品种、跨时区、跨季节互补性，促进哈萨克斯坦能源资源开发与外送，通过大范围、多类型优化配置提高清洁能源利用水平。工程拟采用 ±800 千伏直流，输送容量 800 万千瓦，线路长度约 3500 千米，2035 年建成。工程总投资约 62 亿美元，输电价约 2.36 美分 / 千瓦时。

哈萨克斯坦库斯塔奈—德国纽伦堡 ±800 千伏直流输电工程，定位汇集哈萨克斯坦风电、太阳能等清洁能源外送欧洲德国。拟采用 ±800 千伏直流，输送容量 800 万千瓦，线路长度约 3900 千米，2050 年建成。工程总投资约 67 亿美元，输电价约 2.58 美分 / 千瓦时。

哈萨克斯坦埃基巴斯图兹—中国河南 ±800 千伏直流输电工程，实现中亚—东亚互联，定位哈萨克斯坦风电、太阳能发电外送中国，利用清洁能源发电和电力负荷跨时区互补特性，缓解中国中部地区局部电力负荷供应紧张。拟采用 ±800 千伏直流，输送容量 800 万千瓦，线路长度约 4000 千米，2035 年建成。工程总投资约 56 亿美元，输电价约 1.94 美分 / 千瓦时。

塔吉克斯坦桑格图达—巴基斯坦瑙谢拉 ±500 千伏直流输电工程，实现中亚—南亚互联，定位汇集塔吉克斯坦水电外送巴基斯坦，促进中亚水电开发外送，满足巴基斯坦北部负荷中心电力需求。拟采用 ±500 千伏直流，输送容量 130 万千瓦，线路长度约 750 千米，2035 年建成。工程总投资约 5.9 亿美元，输电价约 1.26 美分 / 千瓦时。

2 哈萨克斯坦 1000 千伏特高压交流输电工程

哈萨克斯坦 1000 千伏特高压交流输电工程，定位于建成围绕哈萨克斯坦北部负荷中心的双回特高压环网，接受西部和南部风光电力，同时加强与周边国家的电力互联互通，支撑哈萨克斯坦清洁能源大范围配置及跨区域外送。该工程包括 12 座 1000 千伏变电站，2035 年前建成线路长度约 6400 千米，工程总投资约 110 亿美元，2050 年前新增线路长度约 3200 千米，工程总投资约 50 亿美元。哈萨克斯坦 1000 千伏特高压交流输电工程示意如图 4-7 所示。

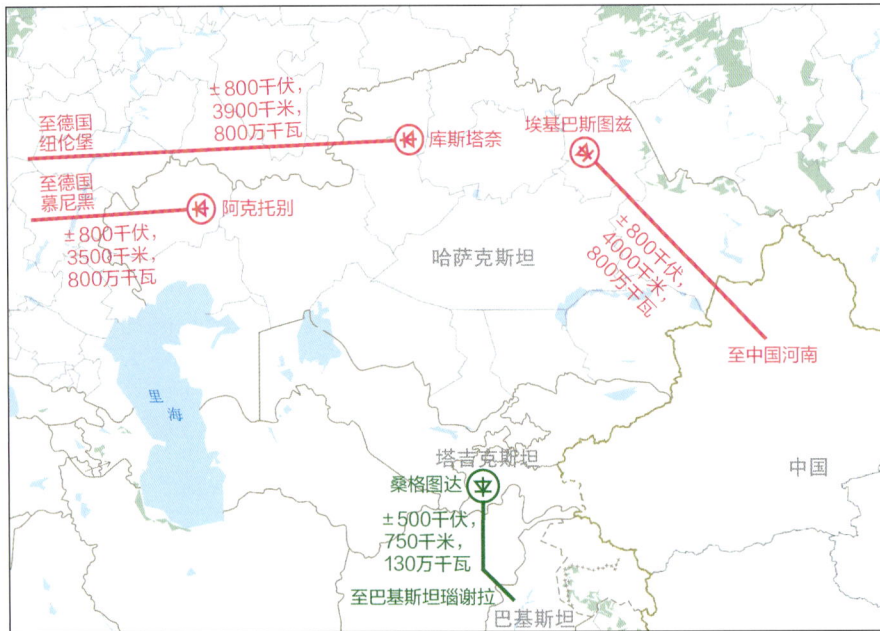

图 4-6 中亚跨洲跨区互联工程示意图

图 4-7 哈萨克斯坦 1000 千伏特高压交流输电工程示意图

专栏

特高压输电技术

中亚地处亚欧大陆腹地，地域辽阔，拥有丰富的自然资源，经济持续稳定增长，在全球能源互联网构建中具有重要的战略地位。实现中亚可持续发展，需要依托中亚丰富的清洁能源资源，充分发挥各国优势，推动电网互联和跨国能源通道建设。打造中亚能源互联网的区域电力交换枢纽地位，将地缘及资源优势转化为经济优势，实现远距离送电欧洲德国以及东亚中国等地区，电能输送距离往往超过3500千米，需要大容量、远距离输电技术的支持。

以电为中心、全球配置的能源发展格局，决定了电网技术在未来能源发展中的关键作用，需要不断提高电网输送能力、配置能力和经济性。特高压输电等大容量远距离输电技术的发展，在技术层面确保了中亚能源互联网的可行性，将有力保障中亚区域实现清洁能源的大规模开发利用和远距离大容量电能外送。

特高压输电技术是指交流电压等级1000千伏及以上、直流电压等级±800千伏及以上的输电技术。特高压输送容量大、送电距离长、线路损耗低、占用土地少。1000千伏特高压交流、±800千伏和±1100千伏特高压直流的输电距离分别达到1500、2500千米和6000千米以上，输电功率分别达到500万、1000万千瓦和1500万千瓦。特高压与超高压技术参数对比如图1所示。

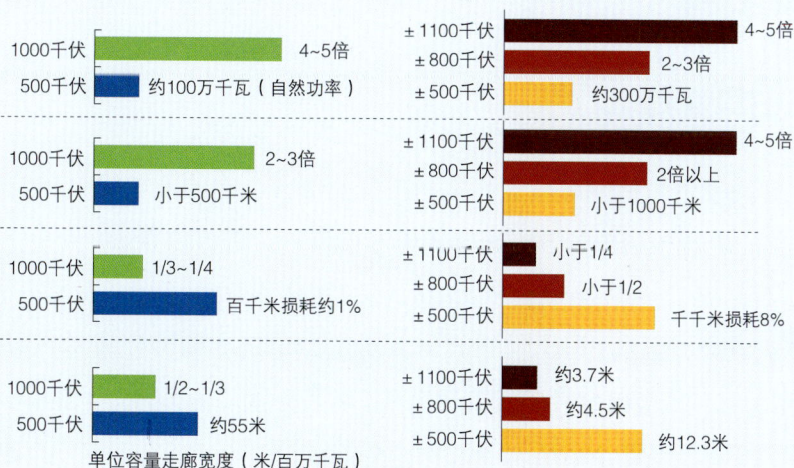

图1 特高压与超高压技术参数对比

自中国 2009 年晋东南—南阳—荆门第一条 1000 千伏特高压交流、2010 年云南—广东第一条 ±800 千伏特高压直流工程投运，特高压输电技术进入了快速发展阶段。截至 2017 年年底，中国已建成"11 交 14 直"特高压工程，2018 年以来，核准并开工在建"3 交 4 直"，计划在 2020 年内核准"5 交 2 直"7 条特高压工程。其中，于 2019 年投入运营的准东—皖南 ±1100 千伏特高压直流输电工程，线路全长 3324 千米，输送功率将达 1200 万千瓦，是目前世界上电压等级最高、输送容量最大、输送距离最远、技术水平最先进的特高压直流输电工程。2019 年 8 月，巴西美丽山 ±800 千伏特高压直流水电送出工程二期正式投运，线路全长 2589 千米，输送容量 400 万千瓦。此外，印度于 2019 年投运世界首条 ±800 千伏三端特高压直流工程，线路全长 1728 千米，输送容量 600 万千瓦。

目前，中国、巴西、印度等国特高压的建设和运营已经验证了特高压技术的安全性、经济性和环境友好性。未来，随着超算仿真技术、柔性多端直流、气体绝缘组合电器设备、绝缘材料以及智能电网等技术的进一步发展，特高压交直流输电技术将继续释放巨大的潜力，以更经济的方式提高电网大范围资源优化配置能力。

4.4　投资估算

4.4.1　投资估算原则

中亚能源互联网投资包括电源投资和电网投资两部分。电源投资根据单位容量投资成本和投产容量进行测算，电网投资根据各电压等级电网投资造价进行估算。

电源投资方面，根据各类电源技术发展趋势，结合国际能源署、彭博新能源财经等国际能源机构相关研究成果，预测 2035、2050 年各类电源单位容量投资成本，见表 4-1。预计到 2050 年，太阳能发电、风电单位投资成本较 2016 年[1]分别降低 60% 和 50%。

---

[1] 2016 年风光发电单位投资成本引自美国可再生能源国家实验室，单位投资集中式光伏发电 1800 美元 / 千瓦，光热发电 7800 美元 / 千瓦，陆上风电 1500 美元 / 千瓦，海上风电 3800 美元 / 千瓦。

表 4-1　各水平年各类电源单位投资成本预测

单位：美元 / 千瓦

电源类型	2035 年	2050 年
火电	700	750
水电	2600	2000
光伏发电	630（基地成本：505）	390（基地成本：315）
光热发电	4995	3070
陆上风电	1105（基地成本：885）	750（基地成本：600）
生物质及其他	4300	4000

电网投资方面，特高压电网主要参考中国、巴西等同类工程造价进行测算，并结合中亚工程造价实际情况进行调整。考虑不同水平年和地区差异，各国 500/400 千伏与 220 千伏及以下电网投资规模比例按 1∶5 考虑，见表 4-2。

表 4-2　各电压等级电网投资测算参数

工程类别	变电站、换流站（美元 / 千伏安、美元 / 千瓦）	线路（万美元 / 千米）
1000 千伏交流	67	83
500 千伏交流	39	34
400 千伏交流	33	22
±500 千伏直流	118	38
±660 千伏直流	119	52
±800 千伏直流	126	90

4.4.2　投资估算结果

2020—2050 年，中亚能源互联网总投资约 4600 亿美元，其中电源投资约 3330 亿美元，占总投资的 72%。电网投资约 1270 亿美元，占总投资的 28%。2020—2050 年中亚能源互联网年投资规模与结构如图 4-8 所示。

2020—2035 年，中亚能源互联网投资约 3060 亿美元。电源投资约 2310 亿美元，占比75%，电网投资约 750 亿美元，占比 25%，其中，特高压电网投资 170 亿美元、400～500 千伏电网投资约 95 亿美元、345 千伏以下电网投资约 485 亿美元。2020—2050 年中亚能源互联网电源投资规模与结构见图 4-9 所示，2020—2050 年中亚能源互联网电网投资规模与结构见图 4-10 所示。

　　2036—2050年，中亚能源互联网投资约1545亿美元。电源投资约1025亿美元、占比66%，电网投资约520亿美元、占比34%，其中，特高压电网投资约85亿美元、400~500千伏电网投资约70亿美元、345千伏以下电网投资约365亿美元。

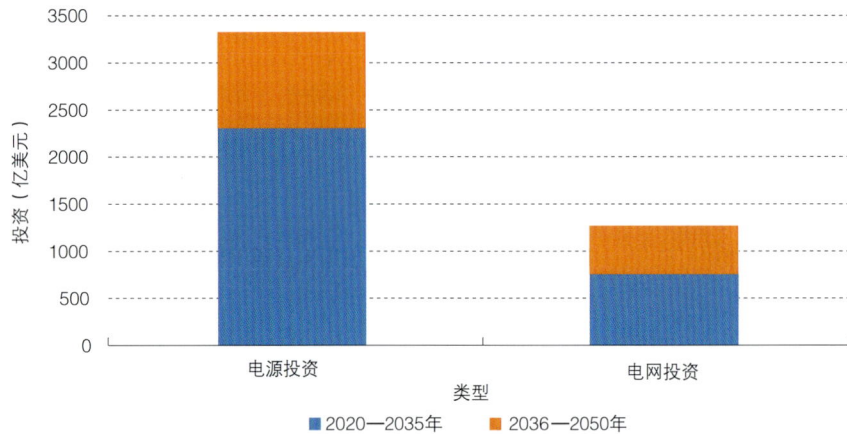

图4-8　2020—2050年中亚能源互联网投资规模与结构

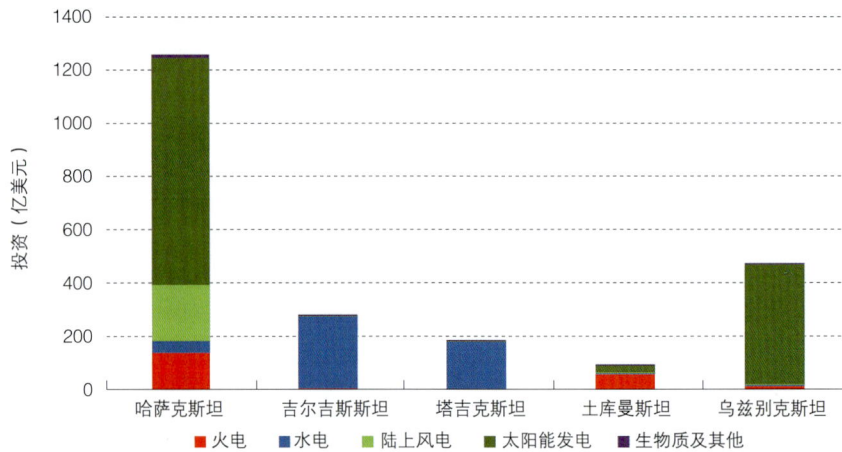

图4-9　2020—2050年中亚能源互联网电源投资规模与结构

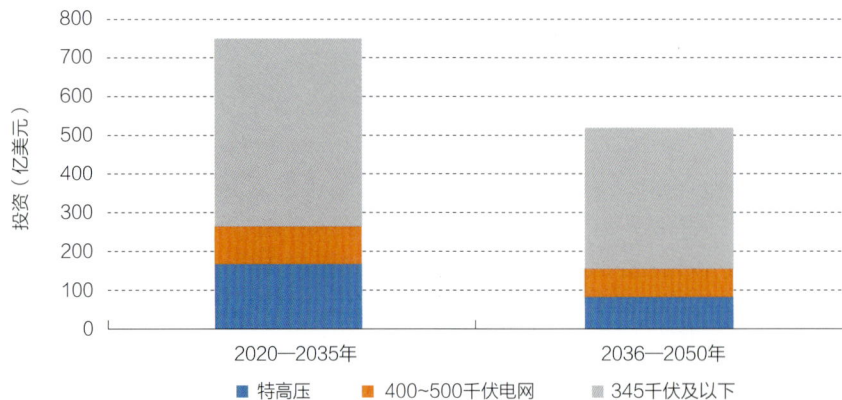

图4-10　2020—2050年中亚能源互联网电网投资规模与结构

Chapter 5

综合效益

中亚能源互联网不仅拉动区域经济增长，创造宝贵的社会、环境和资源优化配置效益，还将有助于提高清洁能源利用水平，减少温室气体排放，减少空气污染以及化石燃料引起的气候变化等。通过区域能源互联网的建设，可有效提升可再生能源在能源构成中的占比，提高整个中亚能源系统的灵活性和多样性。

5.1　经济效益

拉动经济增长。一是扩大地区投资规模，中亚能源互联网投资规模巨大，且投资效益十分显著。到 2050 年，中亚能源互联网累计投资额约为 4600 亿美元，其中电网投资约 1270 亿美元，电源投资 3330 亿美元。二是培育经济新增长点。构建中亚能源互联网，将有力带动新能源、节能环保、机械制造等产业发展，推动地区工业化发展进程。

降低经济发展成本。构建中亚能源互联网有利于实现中亚地区清洁能源大规模开发和配置，加快地区能源消费模式转变，从而减少因碳排放、环境问题等造成的经济损失。随着清洁能源技术发展和区域电力贸易规模的不断扩大，地区用电成本将显著下降，进而降低经济社会发展成本。

5.2　社会效益

实现清洁绿色发展。2050 年，中亚地区清洁能源占一次能源的比重达到 51%，较目前提高 43 个百分点。大力发展清洁能源不仅能满足中亚地区工业化发展用能需求，还能将丰富的清洁能源资源转换为经济优势，通过区域内、外电力贸易实现电力出口创汇，促进区域均衡发展。2050 年，预计中亚区域内电力贸易规模达到 1050 亿千瓦时，区域外送电规模达到 1300 亿千瓦时。

创造大量就业岗位。能源互联网涉及资源开发、电力生产、电网建设、电能替代、装备制造等诸多领域，可以有力带动就业。到 2050 年，建设中亚能源互联网将创造 200 万个就业岗位。

5.3　环境效益

减少温室气体排放。化石能源利用是二氧化碳排放的主要来源，约占二氧化碳总排放量的85%。中亚二氧化碳排放量呈增加趋势，但中亚清洁能源资源丰富，加速清洁能源开发利用，有效控制能源利用方面的二氧化碳排放，是应对气候变化的关键。建设中亚能源互联网，以电网互联互通加速清洁能源高效、规模化开发利用，可以实现清洁能源优化配置和快速发展。通过"清洁替代"从源头上控制温室气体排放，通过"电能替代"促进各终端部门减排，从而实现温升控制目标。构建中亚能源互联网，至 2035 年能源系统年二氧化碳排放降至约 4 亿吨，较政策延续情景减少 20%；至 2050 年能源系统年二氧化碳排放进一步降至约 2.5 亿吨，较政策延续情景减少 54%，如图 5-1 所示。

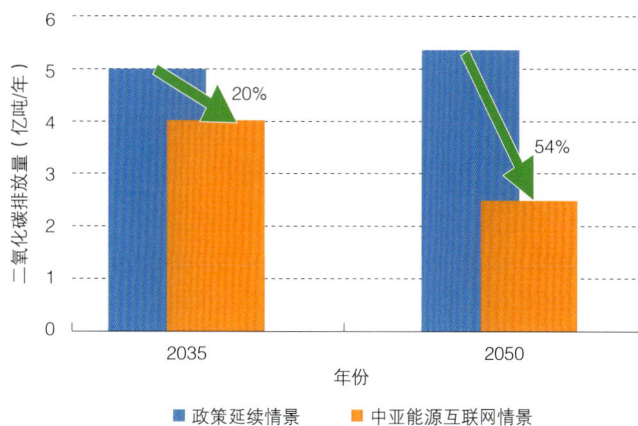

图 5-1　中亚能源互联网碳减排效益

减少气候相关灾害。气候灾害主要包括干旱灾害、洪涝灾害、风灾等，是由气候原因引起的自然灾害。构建中亚能源互联网，从源头上减少温室气体排放，减缓全球和区域气候系统的异常变化和极端事件，有效降低中亚的气候灾害发生风险；利用先进输电、智能电网技术，提升能源电力基础设施防灾能力和气候韧性，减少因气候灾害造成的经济损失和人员伤亡。

减少大气污染物排放。二氧化硫、氮氧化物和细颗粒物是全球三大主要空气污染物，化石能源消费是造成空气污染的重要原因。中亚地区长期以来受空气污染问题困扰，构建中亚能源互联网，实施"清洁替代"，促进清洁能源大规模开发利用，从污染源头上直接减少化石能源生产、使用、转化全过程的空气污染物排放，实现以清洁、经济、高效方式破解"心肺之患"；实施"电能替代"，推动工业、交通、生活部门使用的煤炭、石油和天然气被清洁电力取代，减少工业废气、交通尾气、生活和取暖废气等排放，深度挖掘和释放各行业减排潜力，实现终端用能联动升级、空气污染联动治理。到 2035 年，与政策延续情景相比，每年可减少排放二氧化硫 14 万吨、氮氧化物 4 万吨、细颗粒物 3 万吨，如图 5-2 所示；到 2050 年，与政策延续情景相比，每年可减少排放二氧化硫 41 万吨、氮氧化物 35 万吨、细颗粒物 9 万吨，如图 5-3 所示。

提高土地资源价值。提高土地资源价值主要是指在荒漠化土地等人类未利用的土地上统筹开发清洁能源，提升土地经济价值，减少高价值土地的占用，实现经济社会发展与环境保护的有机结合。构建中亚能源互联网，在卡拉库姆沙漠、克孜尔库姆沙漠等土地贫瘠、清洁能源资源丰富地区开发风能、太阳能等，增加地表粗糙度和覆盖度，有利于增加区域降水并有效降低土壤水分蒸发量，促进荒漠土地恢复；通过互联互通将荒漠地区的清洁电能送至负荷地区，将

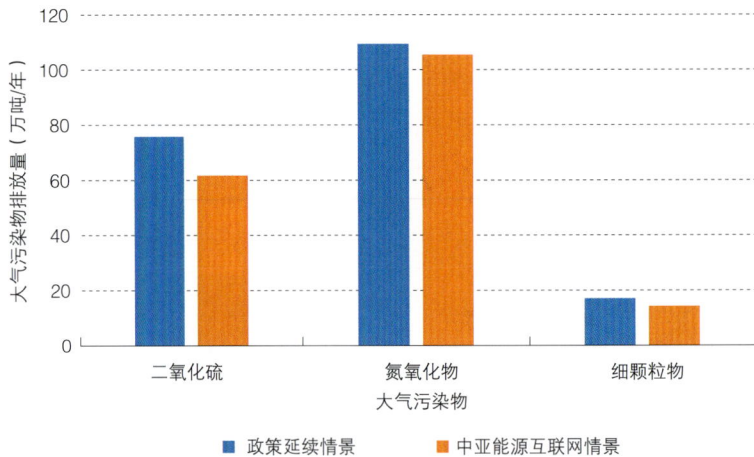

图 5-2   2035 年中亚能源互联网大气污染物减排效益

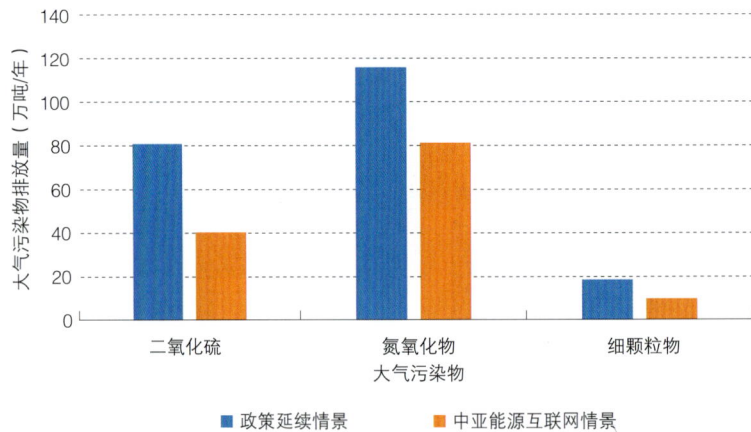

图 5-3   2050 年中亚能源互联网大气污染物减排效益

生态环境劣势转化为资源开发利用优势，通过清洁能源外送、产业结构升级、资源协同开发等综合措施推动实施植树造林、改善土壤质量和建设农业基础设施，以保护水土和恢复生态环境。到 2035 年，中亚每年可提高土地资源价值 1 亿美元；到 2050 年，中亚每年可提高土地资源价值 2 亿美元。

5.4   政治效益

增强区域政治互信。构建中亚能源互联网有利于建立广泛的合作机制和各国政策协同，形成中亚地区能源电力合作共同体和利益共同体，有效团结区域内各国，加强政治互信。

促进区域协同发展。建立以清洁发展、互联互通为核心的地区能源治理新体系，促进地区融合发展、实现地区共同繁荣。

Chapter 6

实现 1.5 摄氏度温控目标发展展望

为进一步减小全球气候系统风险，降低气候变化对自然和人类社会系统影响，实现气候安全，《巴黎协定》提出把全球平均气温升幅控制在工业化前水平以上低于2摄氏度，并努力将气温升幅限制在工业化前水平以上1.5摄氏度之内。为实现1.5摄氏度温控目标，中亚各国碳排放需迅速达峰并加速下降，力争2050年左右实现净零排放。构建中亚能源互联网，通过搭建清洁能源开发、配置和使用的互联互通大平台，能够开发和利用区域内丰富的清洁能源资源和减排潜力，这将为全球进一步将温升控制在1.5摄氏度以内提供重要支持。本章通过在能源供应侧加快清洁替代，在能源消费侧加大电能替代力度和深度，合理应用碳捕集与封存及负排放技术，研究和提出中亚能源互联网加快发展情景方案，以促进全球实现1.5摄氏度温控目标。

6.1 实施路径

发挥中亚清洁能源资源丰富的优势，各国制定能源政策与能源战略时将发展可再生能源摆在更加重要的位置。进一步普及各类清洁、便捷电气化技术，持续加强区域能源合作，将有效促进中亚加速能源清洁低碳转型，显著提升应对气候变化的行动力度和减排效果。

6.1.1 清洁替代

能源供应侧加快清洁替代。充分利用清洁能源发电成本快速下降和区域经济快速发展的机遇，制定更大力度支持清洁能源产业发展的政策，建立更有利于清洁能源规模化、集约化开发和大范围互补、高效利用的机制，迅速提高清洁能源在中亚能源供应中的比重，降低化石能源比重和温室气体排放水平。

| 水能开发方面 ▶ | 重点开发阿姆河和锡尔河流域水能资源，实现清洁能源大规模开发。 |

| 风能开发方面 ▶ | 重点在里海地区的阿特劳和曼吉斯套州、中部地区的阿斯塔纳州、卡拉干达州及南部地区开发大型风电基地。 |

| 太阳能开发方面 ▶ | 重点在哈萨克斯坦西南部、土库曼斯坦和乌兹别克斯坦的荒漠地带开发大型太阳能发电基地。 |

6.1.2 电能替代

能源消费侧深化电能替代。加大配套财政补贴和税收减免等政策力度，减少电气设备购置及安装成本，提高电能替代经济性；在工业高温、长途运输等领域加快电能替代相关技术研发，充分激发电能替代潜力；不断扩大电能替代宣传力度，形成消费清洁电能新风尚，推动终端用能结构以更快速度调整。

直接电能替代方面

加强电能替代政策性支持，加大电动汽车、电动机械等技术攻关和产业扶持力度，优化基础设施布局，构建新的商业模式和产业生态；在炊事、采暖等领域加快以电代气、电供暖技术，扩大用电规模；加快推动动力电池、热泵等关键技术发展与突破，支持工业领域工艺创新，进一步提升直接电能替代经济效益；大力推广电锅炉、电窑炉、热泵、电钻机、电排灌等电能替代应用，激发电能替代市场活力。

间接电能替代方面

积极发展电制氢及燃料电池、电制合成燃料和原材料等新型电气化技术；加速推进相关基础设施建设，提升电制氢、电制合成燃料生产规模以及运输、配置效率；促进成本快速下降，2040 年左右在金属冶炼、长途客运及货运、航空等领域大规模推广应用，进一步提高电气化、清洁化水平。

6.1.3 固碳减碳

推动固碳减碳技术应用。在更大力度推动能源供应侧清洁替代和能源消费侧电能替代、减少温室气体排放的基础上，进一步通过政策支持积极推动固碳减碳技术研发和商业化、规模化应用，直接减少空气中的温室气体。

碳捕集技术方面

碳捕集与封存技术成本正逐步下降，预计到 2030 年初步具备应用经济性，远期将大规模应用于电力热力生产、重工业、化工等领域。为实现 1.5 摄氏度温控目标，火电厂和工业碳排放源将逐步普及配置碳捕集装置。

森林碳汇方面

充分节约利用淡水资源，扩大植被覆盖面积，促进生态修复，提高固碳能力。

6.2 情景方案

综合考虑中亚清洁发展趋势、经济发展条件、技术创新方向、碳减排形势等方面要求，在前述章节中亚能源互联网促进实现 2 摄氏度温控目标情景方案基础上，通过加快实施清洁替代、电能替代、固碳减排等方面技术，研究和提出中亚能源互联网促进实现 1.5 摄氏度温控目标情景方案。

6.2.1 能源需求

能源供应侧清洁替代速度加快，化石能源需求提前达峰，达峰后快速下降。能源消费侧深度电能替代和能源效率提升，电能占终端能源比重大幅提升。

一次能源需求，按发电煤耗法计算，2035、2050 年需求分别达到 3.2 亿、3.5 亿吨标准煤，2017—2050 年年均增速达到 1.2%。实现 1.5 摄氏度温控目标的亚洲一次能源需求预测如图 6-1 所示。

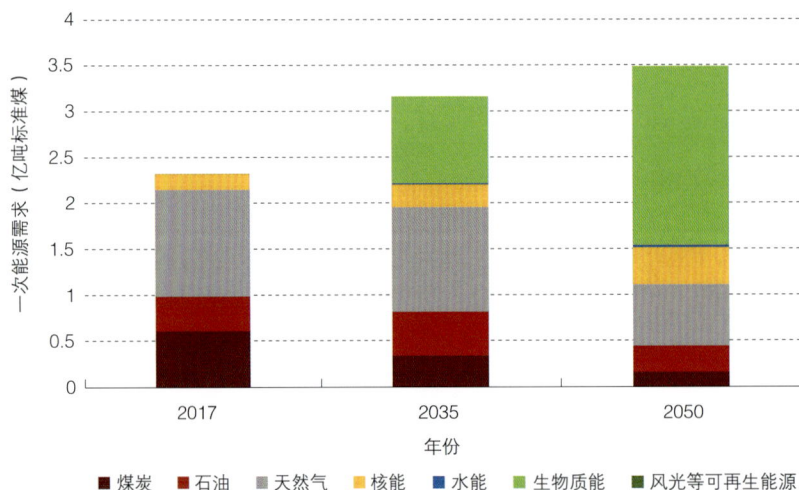

图 6-1 实现 1.5 摄氏度温控目标的中亚一次能源需求预测

中亚清洁替代速度持续加快，清洁能源在一次能源需求结构中的比重持续提升，2035、2050 年清洁能源占一次能源比重分别提升至 39%、70%。实现 1.5 摄氏度温控目标的中亚清洁能源占比预测如图 6-2 所示。

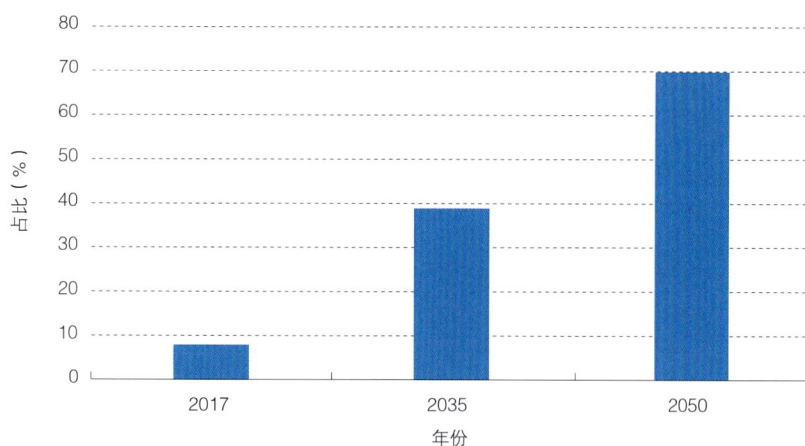

图 6-2　实现 1.5 摄氏度温控目标的中亚清洁能源占比预测

终端能源需求，2035 年前较快增长，年均增速 2.9%，随后增速放缓，2035、2050 年终端能源需求总量分别为 2.0 亿、2.1 亿吨标准煤。终端化石能源需求大幅下降，2035、2050 年分别下降至 1.1 亿、0.6 亿吨标准煤。深度电能替代在终端各用能部门加快推进，预计到 2035 年和 2050 年，电能占终端能源比重分别达到 30% 和 51%。实现 1.5 摄氏度温控目标的中亚终端能源需求预测如图 6-3 所示。

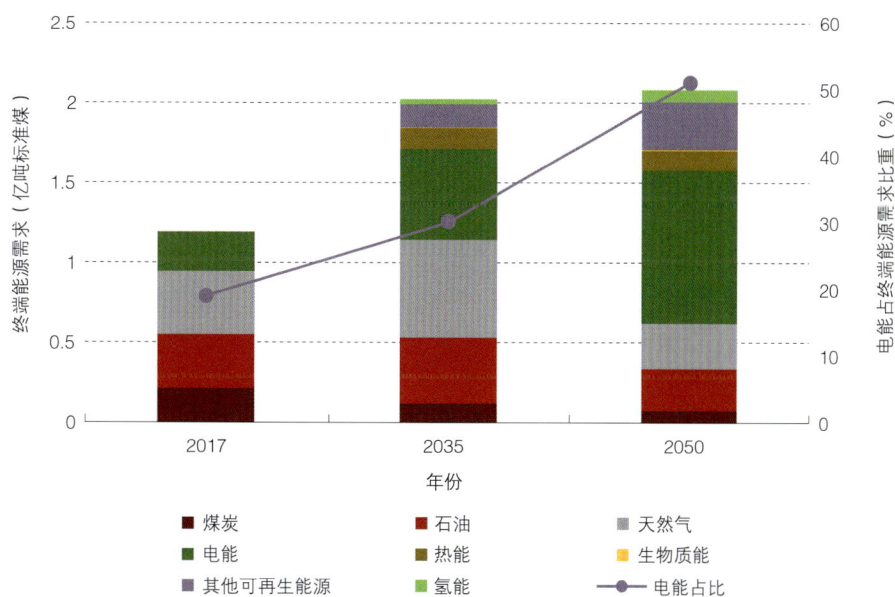

图 6-3　实现 1.5 摄氏度温控目标的中亚终端能源需求预测

6.2.2 电力需求

电力需求总量。2035 年，中亚总用电量约 4800 亿千瓦时，年均增速 4.5%；最大负荷约 7344 万千瓦，年均增速 3.1%；年人均用电量 5622 千瓦时。**2050 年，**中亚总用电量约 8382 亿千瓦时，年均增速 3.8%；最大负荷约 1.5 亿千瓦，年均增速 4.7%；年人均用电量 8876 千瓦时。实现 1.5 摄氏度温控目标的中亚电力需求预测如图 6-4 所示。

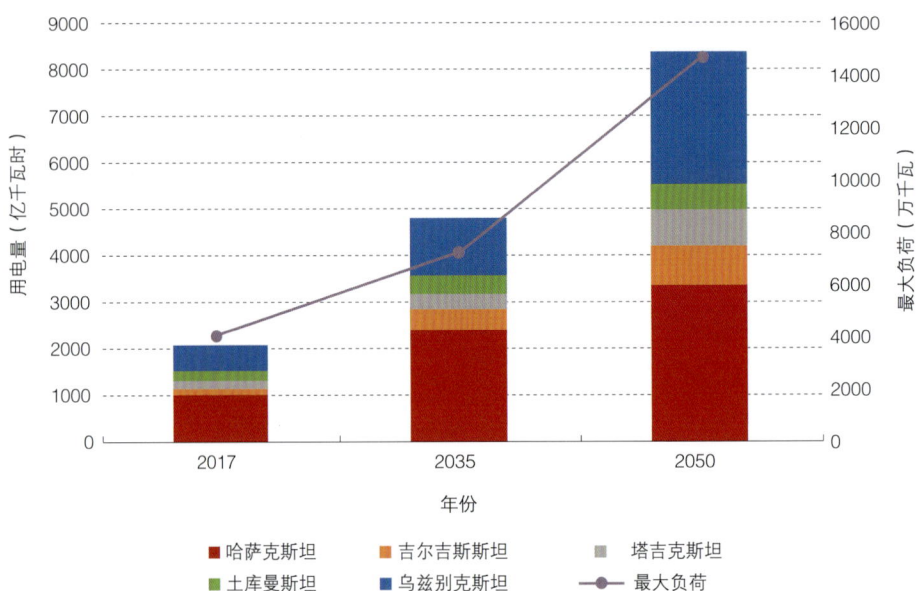

图 6-4　实现 1.5 摄氏度温控目标的中亚电力需求预测

各国用电情况。2035 年，哈萨克斯坦、吉尔吉斯斯坦、塔吉克斯坦、土库曼斯坦和乌兹别克斯坦用电量分别为 2400 亿、444 亿、325 亿、400 亿千瓦时和 1233 亿千瓦时，分别占总用电量的 50.0%、9.2%、6.8%、8.3% 和 25.7%。**2050 年，**哈萨克斯坦、吉尔吉斯斯坦、塔吉克斯坦、土库曼斯坦和乌兹别克斯坦用电量分别为 3357 亿、842 亿、775 亿、557 亿千瓦时和 2851 亿千瓦时，分别占总用电量的 40.1%、10.1%、9.2%、6.6% 和 34.0%。实现 1.5 摄氏度温控目标的中亚各国用电量占比预测如图 6-5 所示。

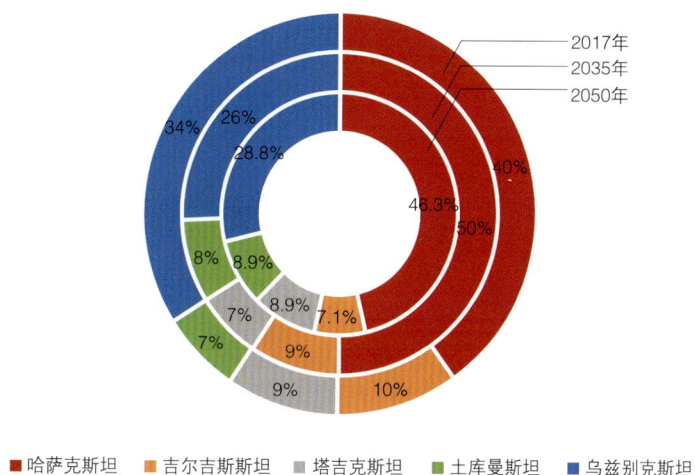

图 6-5 实现 1.5 摄氏度温控目标的中亚各国用电量占比预测

6.2.3 电力供应

中亚清洁能源装机占比进一步提高。实现 1.5 摄氏度温控目标的中亚电源装机结构如图 6-6 所示。

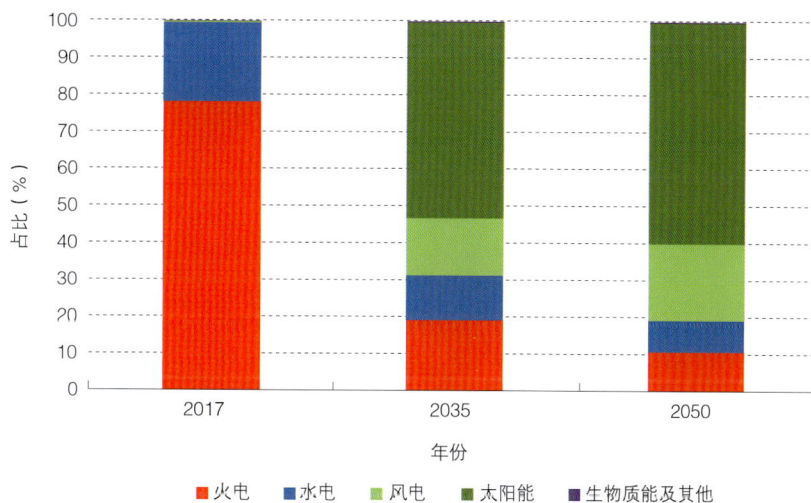

图 6-6 实现 1.5 摄氏度温控目标的中亚电源装机结构

电源装机总量。2035 年，中亚电源装机容量 2.4 亿千瓦，其中清洁能源装机容量 1.9 亿千瓦，占比由 2017 年的 21.8% 提升至约 81%。风电装机容量 3654 万千瓦，占比 15.4%；太阳能发电装机容量 1.3 亿千瓦，占比 53.0%；水电装机容量 2892 万千瓦，占比 12.2%；生物质及其他装机容量 70 万千瓦，占比 0.3%。化石能源发电总装机容量 4505 万千瓦，占比由 2017 年的 78.2% 大幅下降至 19%。清洁能源发电量 4200 亿千瓦时，占比由 2017 年的 24.2% 提升至 69.7%。**2050 年，**中亚电源总装机容量 4.4 亿千瓦，其中清洁能源发电装机容量 3.9 亿千瓦，占比提升至约 89.4%。风电装机容量 9181 万千瓦，占比 20.8%；太阳能发电装机容量 2.6 亿千瓦，占比 59.8%；水电装机容量 3751 万千瓦，占比 8.5%；生物质及其他装机容量 170 万千瓦，占比 0.3%。化石能源发电总装机容量 4664 千瓦。清洁能源发电量 9660 亿千瓦时，占比提升至 88.8%。

　　各国电源装机情况。2050 年哈萨克斯坦、吉尔吉斯斯坦、塔吉克斯坦、土库曼斯坦和乌兹别克斯坦电源装机容量分别达到 2.6 亿、1500 万、1290 万、5397 万千瓦和 9154 万千瓦，占中亚总装机容量的比例分别为 59.8%、3.4%、3.0%、12.2% 和 21.6%。实现 1.5 摄氏度温控目标的中亚各国家电源装机展望如图 6-7 所示。

● **哈萨克斯坦**清洁能源发电装机容量约 2.4 亿千瓦，占比提升至约 92%。其中，风电装机容量约 9000 万千瓦，占比 34.2%；太阳能发电装机容量 1.4 亿千瓦，占比 54.3%；水电装机容量 900 万千瓦，占比 3.4%。

● **吉尔吉斯斯坦**清洁能源发电装机容量约 1455 万千瓦，占比提升至 97%。其中，风电装机容量 19 万千瓦，占比 1.3%；太阳能发电装机容量 38 万千瓦，占比 2.5%；水电装机容量 1378 万千瓦，占比 91.9%。

● **塔吉克斯坦**清洁能源发电装机容量约 1273 万千瓦，占比提升至 98.7%。其中，风电装机容量 25 万千瓦，占比 1.9%；太阳能发电装机容量 28 万千瓦，占比 2.2%；水电装机容量 1200 万千瓦，占比 93.1%。

● **土库曼斯坦**清洁能源发电装机容量约 4497 万千瓦，占比提升至 83.3%。其中，风电、水电装机容量分别为 38 万、39 万千瓦，占比均小于 1%；太阳能发电装机容量 4400 万千瓦，占比 81.5%。

● **乌兹别克斯坦**清洁能源发电装机容量约 7954 万千瓦，占比提升至 86.9%。其中，风电、水电装机容量分别为 100 万、234 万千瓦，占比分别为 1.1%、2.6%；太阳能发电装机容量 7600 万千瓦，占比 83.0%。

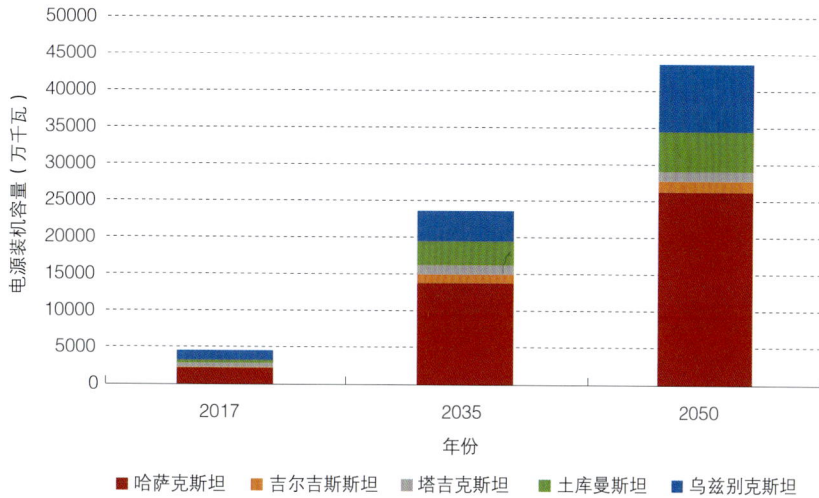

图 6-7 实现 1.5 摄氏度温控目标的中亚各国电源装机展望

6.2.4 电网互联

进一步加强大型清洁能源基地送出通道，扩大哈萨克斯坦风电、太阳能和塔吉克斯坦、吉尔吉斯斯坦水电等大型清洁能源基地开发外送。加强跨区跨国互联规模，2050 年跨区跨国电力流规模达到 6730 万千瓦。中亚区域内加强国家间和各国内交流电网建设，提升清洁能源送出和消纳能力。实现 1.5 摄氏度温控目标的中亚电力流示意如图 6-8 所示。

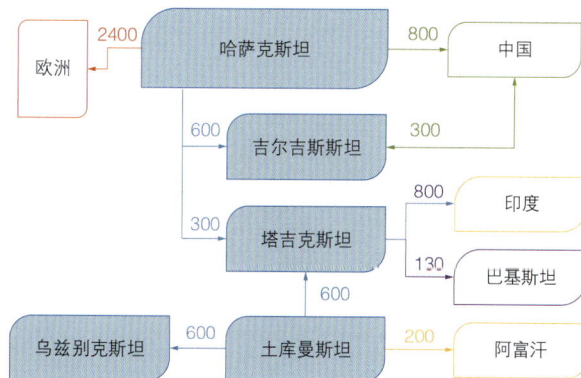

图 6-8 实现 1.5 摄氏度温控目标的中亚电力流示意图（单位：万千瓦）

2050 年，中亚电网保持互联统一电网，覆盖主要清洁能源基地和负荷中心，多渠道满足负荷中心电力需求。同时加强跨区跨国电力互联通道建设，与周边国家广泛互联，实现清洁能源在更大范围的优化配置，成为连接亚洲和欧洲的电力外送和互济枢纽。

6.2.5　对比分析

从化石能源需求、清洁能源电源装机占比、电能占终端能源比重、电力流规模、投资等方面，对比分析实现 1.5 摄氏度和 2 摄氏度温控目标情景方案的区别。

实现《巴黎协定》全球 1.5 摄氏度温控目标可显著降低气候变化风险，对人类和生态系统产生更大效益，同时也对世界各国能源低碳转型和高比例清洁能源系统构建提出了更高要求。中亚需要充分发挥位于亚欧大陆中心的区位优势，依托区域丰富的太阳能、风能、水能等清洁能源资源，推动供应侧高比例清洁替代和大规模清洁能源电力外送。用能侧大力推动电能替代，进一步加快能源转型，压减化石能源消费，助力实现 1.5 摄氏度温控目标。

着眼于助力实现全球 1.5 摄氏度温控目标，中亚需要加速推动能源电力清洁低碳转型发展。与助力实现全球 2 摄氏度温控目标相比，2050 年化石能源需求减少 36%；提升清洁能源开发比例，2050 年清洁能源电源装机容量增加 63%；加快电能替代，2050 年电能占终端能源比重提升约 11 个百分点；加强电网互联互通，提升资源配置能力，增加跨区跨国电力流规模约 1600 万千瓦；加大投资力度，到 2050 年清洁能源开发和电网建设投资累计增加 45%。2 摄氏度和 1.5 摄氏度情景下中亚能源电力分析如图 6-9 所示。

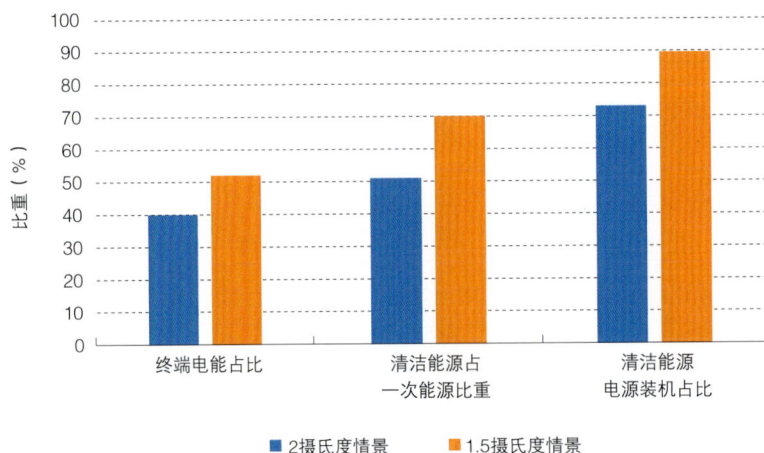

图 6-9　2 摄氏度和 1.5 摄氏度情景下中亚能源电力分析

Chapter 7

政策机制

构建中亚能源互联网可有力推动区域能源转型和低碳发展，促进经济、社会、环境协调可持续发展。各国需要积极行动，扩大共识，加强战略规划和政策机制协同，通过多方交流合作促进先进技术应用、统一技术标准、创新跨国电力贸易机制、推动跨国互联互通。

加强能源绿色低碳转型理念传播，形成中亚能源互联网建设共识。围绕中亚能源互联网对推动能源绿色、低碳转型、应对气候变化的效益，推动人类社会可持续发展，开展全方位、多层次、多渠道宣传，推动中亚能源互联网理念广泛传播、深入人心。向各国政府部门、政府间国际组织、能源上下游企业、相关金融投资机构以及高校、智库宣介中亚能源互联网理念，争取更多的政策、资金、科研等支持，推动国际合作和重大项目建设。

发挥规划引领作用，促进多方交流合作。依托区域丰富的太阳能、风能、水能等清洁能源资源，考虑各国自身及周边国家资源禀赋与发展需求，协同规划，制定区域清洁能源开发与互联互通策略。促进多方交流合作，以规划引领，统筹区域资源开发和利用，加强各个国家发展规划协同，协商开展区域顶层设计，共同制定区域清洁能源发展目标、跨国互联互通规划和相关政策机制，推动构建中亚区域能源互联网。

加强各国政策协同，建立跨国电力贸易相关机制。统筹协调各国能源电力政策法规、监管机制、设计运行标准等，制定统一、兼容的互联标准体系。结合各国电力体制和市场组织形式，与各参与方充分沟通，包括税收、交易费用、阻塞管理、纠纷调解等多方面，实现区域联网电力交易高效协同和资源高效配置。制定区域电力贸易协定，推动各国在税费等方面建立协调机制，推进跨国双边、多边长期合同交易，并形成相关管理机制，以自由、公平、无歧视的电力贸易为基本原则，推动形成区域电力市场，促进多边跨国电力贸易。

加强清洁能源开发与电网先进技术应用，加快输配电等技术标准协同。重点围绕能源转换、配置、使用等领域，聚焦智能电网、特高压、清洁能源、电网运行控制等关键技术，加强技术创新与应用力度。搭建国际标准合作平台，提升技术水平、共享相关成果和数据信息，统一编制跨国电力联网项目建设及设备相关的技术标准，以降低工程建设成本，提高经济性和可靠性。通过提高中亚电网运行技术标准和规程的协调性和兼容性，进一步提升跨国联合运行的协同性，提升系统的运行效率和稳定性。

创新投融资模式，加快推动重点工程建设。统筹部署，分步骤、分阶段推进实施中亚能源互联网建设。加快推动跨国跨区工程，选择工程建设条件好、收益显著的项目作为示范项目重点推进。依托优质的示范项目，探索促进中亚能源互联网建设与新型产业与商业模式的联动发展的投融资模式。

参 考 文 献

［1］ 刘振亚. 全球能源互联网［M］. 北京：中国电力出版社，2015.

［2］ 刘振亚. 特高压交直流电网［M］. 北京：中国电力出版社，2013.

［3］ 全球能源互联网发展合作组织［M］. 亚洲能源互联网发展与展望. 北京：中国电力出版社，2019.

［4］ Asian Development Bank, Southeast Asia and the Economics of Global Climate Stabilization［R］, 2015.

［5］ 丁志刚，潘星宇. "丝绸之路经济带"背景下中亚五国投资环境评估与建议［J］. 欧亚经济，2017（02）.

［6］ 乔刚，杨翠萍，孙文婷. 中亚五国清洁能源现状及开发对策建议［J］. 新疆大学学报（哲学·人文社会科学版），2013（06）.

［7］ 中国社会科学院俄罗斯东欧中亚研究所. 中亚国家发展报告［M］. 北京：社会科学文献出版社，2013.

［8］ 马欢. "一带一路"背景下中哈双边贸易发展问题探析［J］. 经贸实践，2018（08）.

［9］ Eshchanov Bahtiyor, et all. Hydropower Potential of the Central Asian Countries. Central Asia Regional Data Review 19, 2019.

［10］ 蒋继华. 中国与中亚国家在能源合作中面临的影响因素分析［J］. 新西部，2010（01）.

［11］ 国际能源署. 化石能源燃烧二氧化碳排放［R］, 2019.

［12］ 灾害流行病学研究中心. 自然灾害 2018［R］, 2018.

［13］ 联合国环境规划署. 全球环境展望6—亚太区域报告［R］, 2016.

［14］ 国际能源署. 全球能源展望报告［R］, 2019.

［15］ 国际能源署. 全球能源平衡［R］, 2018.

［16］ 国家能源局. 能源生产和消费革命战略（2016—2030）［R］, 2017.

［17］ 中国电力企业联合会. 中国电力行业年度发展报告2018［M］. 北京：中国市场出版社，2018.

［18］ 周明. 影响中亚地区一体化的主要因素探析［J］. 国际问题研究，2016（03）.

［19］ 刘昌明等. "一带一路"框架下中国—中亚能源互联网建设：机遇、挑战与政策建议［J］. 青海社会科学，2018（1）.

［20］ Nag Rajat M., Johannes F. Linn, and Harinder S. Kohli. Central Asia 2050：Unleashing the Region's Potential. SAGE Publishing India, 2017.

［21］ 乔刚，等. 中亚5国电力发展概况及合作机遇探析［J］. 电力电容器与无功补偿，2015（3）.

［22］中国气象局风能太阳能资源评估中心. 中国风能资源评估（2009）［M］，北京：气象出版社，
2010.

［23］中国能源中长期发展战略研究项目组. 中国能源中长期（2030、2050）发展战略研究 – 可再生能
源卷［M］，北京：科学出版社，2011.

［24］世界银行. 超越地平线：气候变化的影响及适应响应将如何重塑东欧与中亚的农业［R］，2013.

图书在版编目（CIP）数据

中亚能源互联网研究与展望 / 全球能源互联网发展合作组织著 . — 北京：中国电力出版社，2021.8
ISBN 978-7-5198-5807-0

Ⅰ.①中… Ⅱ.①全… Ⅲ.①互联网络－应用－能源发展－研究－中亚 Ⅳ.①F436.062

中国版本图书馆 CIP 数据核字（2021）第 139403 号

审图号：GS（2021）2905 号

出版发行：中国电力出版社
地　　址：北京市东城区北京站西街 19 号（邮政编码 100005）
网　　址：http://www.cepp.sgcc.com.cn
责任编辑：孙世通（010-63412326）　　高　畅
责任校对：黄　蓓　马　宁
装帧设计：张俊霞
责任印制：钱兴根

印　　刷：北京瑞禾彩色印刷有限公司
版　　次：2021 年 8 月第一版
印　　次：2021 年 8 月北京第一次印刷
开　　本：889 毫米 ×1194 毫米　16 开本
印　　张：5.5
字　　数：116 千字
定　　价：130.00 元